寶寶生病

媽媽這樣做

崔霞 著

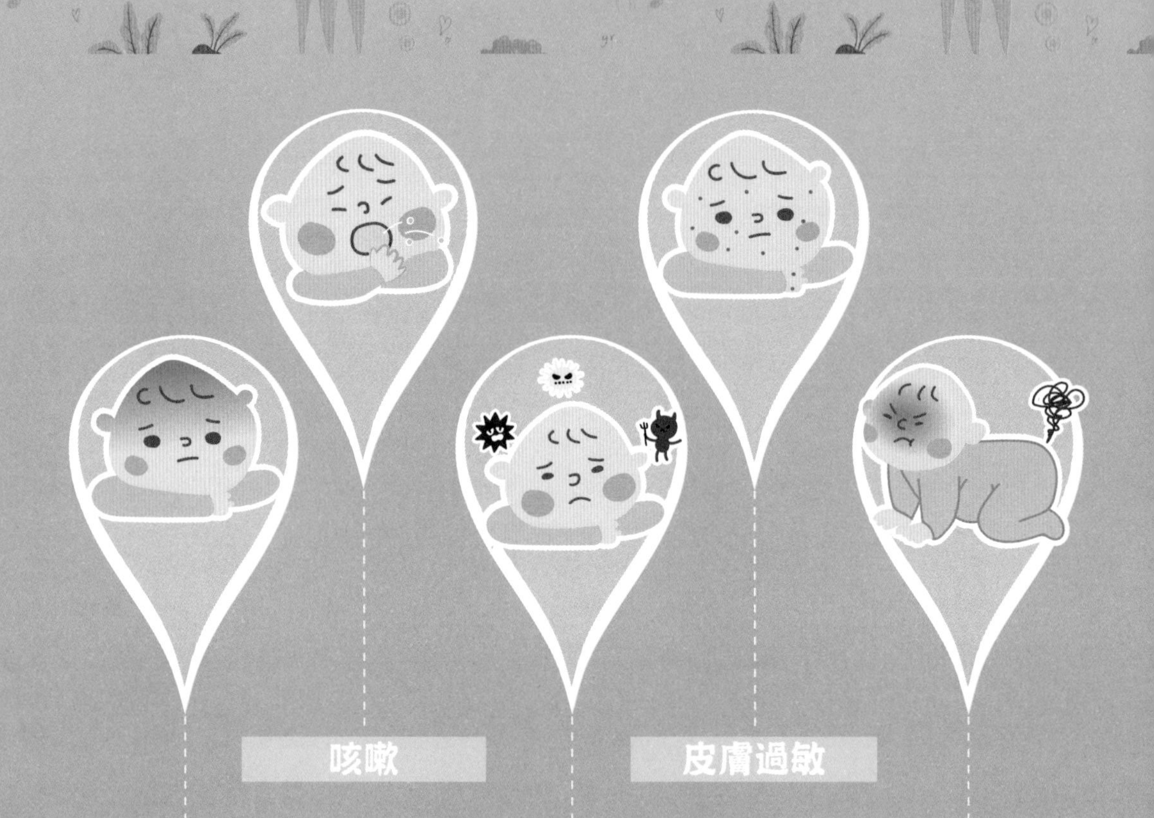

發燒

一般寶寶身體發燒了，媽媽就特別心慌與着急。其實發燒不是疾病，而是一種症狀。

咳嗽

咳嗽是寶寶的常見症狀之一，是呼吸系統疾病的共通症狀。

感冒

上呼吸道感染俗稱「感冒」，是寶寶常見的疾病，主要侵犯鼻、咽喉、扁桃體。

皮膚過敏

很多寶寶出生不久就有滿臉的濕疹，癢得難受，晚上睡不好，可能是過敏體質。

便秘

便秘的寶寶容易引起發燒、咽痛。

導讀

寶寶身體無緣無故發燒怎麼辦？

寶寶咳嗽總不好怎麼辦？

寶寶患病時該吃些甚麼？

……

寶寶一出現發燒、咳嗽等狀況時，大多數媽媽會不知所措，以為寶寶身體出現了很大的問題，往往第一時間選擇就醫。去看醫生不失為一種簡單直接的方法，但是對於有些寶寶來說，頻繁進出醫院更易引起交叉感染。

寶寶患病時，媽媽首先要做的是：根據寶寶的狀態積極採取相應的護理，緩解寶寶病痛。同時仔細觀察寶寶病情發展，必要時一定要及時就醫。

媽媽平時也要為寶寶做好預防和護理，助寶寶養成良好的生活習慣，可有效減少寶寶患病的機會。防患於未然，是每位媽媽應該重視的事情。

這些育兒謬誤，媽媽你犯過嗎？

害怕寶寶營養不夠，一味去進補

自從有了寶寶，媽媽就喜歡拿自己的寶寶跟別人的比較，過矮、偏瘦都不行，認為這是營養跟不上的表現，於是給寶寶一味地進補。

殊不知每個寶寶的生長發育情況不同，學會説話、走路等的時間也不同，不能認為這些與營養跟不上有關。過多給寶寶進補容易導致寶寶肥胖，肥胖會對寶寶的成長造成影響，不利健康。

儘早讓寶寶學習走路

不少媽媽想讓寶寶更早地學會站立和走路，於是就有意地去鍛煉寶寶站立的能力。

實則從寶寶自己嘗試爬到坐立，再到學會走路，這是一個循序漸進的過程。隨着時間的推移，寶寶逐漸學會站立和走路。過早的站立和走路不利於寶寶骨骼的發育，嚴重的會造成腿部骨骼變形。

食物太硬，嚼碎了再餵給寶寶

在寶寶開始嘗試輔食的時候，有些媽媽或家人把各種食物嚼碎了再餵給寶寶。

這樣做極容易把細菌傳染給寶寶，寶寶可能會出現噁心、腹脹等胃腸不適症狀，應避免嚼碎了食物再餵。如果開始嘗試給寶寶添加輔食，可以把食物做得軟一點，給寶寶吃容易消化的食物，太硬、刺激的食物不利於寶寶消化。

媽媽感冒，就不能給寶寶餵奶

媽媽感冒的時候不敢吃藥，也不敢給寶寶餵奶，擔心感冒會對寶寶造成影響。感冒會通過呼吸道飛沫或唾液等傳播，不會通過乳汁傳給寶寶。媽媽

感冒時，可以遵照醫囑服藥。給寶寶餵奶前，可以先清潔一下雙手，並戴上口罩，給寶寶餵奶後再服藥。當然，所服藥物應是對寶寶影響很小的。

寶寶都怕冷，要給寶寶多穿衣

大多數媽媽認為寧可給寶寶多穿點，也不能讓寶寶着涼。時常把寶寶裹得厚厚的衣物，能焗在裏面的絕不露出來。

一般寶寶的代謝旺盛，體溫相對偏高，再則學會走路的寶寶喜動不喜靜，如果穿得過多，會影響寶寶身體的冷熱替換，過多的熱量積蓄在體內會使寶寶發燒、出汗，也容易引起感冒等其他不適症狀。媽媽需要根據季節天氣給寶寶添衣，時常開窗通風，使空氣流通，同時也要保證空氣質素。

趁早剃光胎毛

家長喜歡在寶寶滿月或百日的時候把寶寶胎毛刮乾淨，以為這樣寶寶以後的頭髮才能長得更濃密。其實，毛髮的生長跟寶寶自身營養與遺傳有關。寶寶的皮膚很薄，頭皮稚嫩，在刮胎毛時容易傷及頭皮，造成細菌感染。可以等寶寶的胎毛脫落長出新頭髮時再進行。

寶寶不能吮手指

幾個月大的寶寶喜歡把手指放進自己的嘴裏吮，這是媽媽忍不了的，為了改掉寶寶這個毛病，媽媽時常阻止。

寶寶吮指可以看成是寶寶發育階段的一個生理現象，是寶寶感知和認識世界的一種方式，一味阻止只會助長寶寶吮指的期限。媽媽要做的是多給寶寶修剪指甲，勤洗手，保持衛生。

給寶寶勤洗澡

洗澡的確有益於保持清潔衛生，但寶寶的皮膚比大人的嬌嫩，洗澡次數過多、時間過長會降低皮膚的抵抗能力，也容易使寶寶皮膚乾燥。可以根據季節天氣決定寶寶洗澡的次數，且洗澡時間不宜過長。

目錄

第 1 章　寶寶發燒怎麼辦

第 2 章　寶寶咳嗽怎麼辦

第 4 章　寶寶腹瀉怎麼辦

第 5 章　寶寶便秘怎麼辦

第6章　寶寶食滯怎麼辦

第7章　寶寶腹痛怎麼辦

第 10 章　微量元素不可缺少

附錄：意外防護與急救

38.5℃
尿常規
不要焗
一身汗
靜脈
注射
發燒
退熱貼
物理
降溫
量體溫
別脫水
畏寒
藥物
血常規

第1章

寶寶發燒怎麼辦

寶寶發燒了，媽媽就特別心慌與着急。其實發燒不是疾病，而是一種症狀。輕微的發燒有益於寶寶身體機能的提高，除了超高溫的發燒，一般不會對寶寶身體造成傷害。面對寶寶發燒，媽媽要仔細觀察，並根據寶寶的狀態精心護理，必要時及時帶寶寶去醫院就診。

關於發燒 媽媽需要知道的

發燒是指體溫超過正常範圍

正常小兒腋溫（腋下體溫）為 36~37.2°C，腋溫如超過 37.2°C 可視為發燒。很多疾病可能會導致發燒，常見於上呼吸道感染、支氣管炎、肺炎等。

肛溫最準　腋溫最方便

體溫分為腋溫、口腔溫度、肛溫、耳溫。一般發燒的診斷是以腋溫為衡量的標準。

從實際操作來看，無論是方便程度、衛生程度、安全程度，都是腋溫佔有絕對優勢。

不過，肛溫最接近人體中心溫度，美國兒科學會推薦肛溫。但是讓一個2歲左右的寶寶乖乖趴在那裏，往肛門裏插一個東西，有一定難度。只有在寶寶特別小，腋溫測量不方便，或者病因不明，且長期發燒，發燒原因待查時，才需要測量肛溫作對照。

測量耳溫也比較方便，只需用耳溫槍即可。但是耳溫槍是借紅外線測鼓膜（耳道內）溫度，受外界干擾很大。特別是小於 3 歲的寶寶，耳道狹窄，耳垢比較多，測出來的結果難以準確，所以不太推薦使用。如果非要使用（因為方便），建議先把耳道清理乾淨，一邊耳朵測 3 下，取中間值，或者兩邊耳道都測一下，取中間值。

水銀體溫計碎了怎麼辦

家中有水銀體溫計，就可能會出現體溫計碎了的情況，媽媽不要掉以輕心。

1. 轉移寶寶：將寶寶抱離現場，開窗通風。

2. 搜集水銀：戴上口罩、手套，可以先用白紙把水銀聚集起來，形成大滴，再用注射器（去除針頭）對準水銀，快速抽吸，所有搜集完的水銀，用一個密閉的瓶子裝着，再倒入自來水，蓋上蓋子，放到寶寶拿不到的地方。

3. 處理地面：處理地面的玻璃碎，地面不平的話，可能有細小殘留的地方，用硫磺粉（藥房可買到）撒在地上，再清掃硫磺粉即可。

發燒的分類及簡單護理

寶寶一發燒就吃退燒藥，這是萬萬不可取的。發燒一般分為低燒、中燒、高燒這3種情況。

腋溫的正常範圍
36~37.2℃

低燒
腋溫37.3~37.9℃，多飲水，不必吃退燒藥。

中燒
腋溫38~39℃，吃退燒藥，溫水擦浴。

高燒
腋溫39.1~41℃，退燒處理後立即就醫。

別延誤病情
若寶寶反復發燒，宜儘早就醫，避免延誤病情。

別用酒精降溫
酒精擦浴會使體溫快速下降，易出現不適，也可能引起酒精中毒。

別脫水
增加寶寶飲水量，避免脫水。

不要焗一身汗
盲目焗汗會影響皮膚散熱，導致體溫上升。

如何物理降溫

當寶寶發燒時，父母應採取物理降溫方法。一般可用溫水毛巾濕敷在額頭或枕部，也可用溫水擦頭、上下肢、腋下和腹股溝等處，幫助散熱。

腋窩體溫超過37.2℃可定為發燒。每個人的正常體溫略有不同，受季節、環境等因素影響。判定是否發燒，最好是與平時同樣條件下的體溫來比較。

宜

- 溫水浴，水溫比體溫低3~4℃
- 溫水毛巾濕敷額頭
- 熱水泡手、泡腳

忌

- 酒精擦浴
- 焗一身汗
- 冷水擦浴
- 空調直吹

不同年齡階段寶寶發燒的護理

發燒是一種症狀，是機體對疾病的反應，也是體內抵抗感染的機制之一。既不能忽略，也不能過度治療。

捂熱綜合症（嬰兒蒙被缺氧綜合症）

捂熱綜合症是由於過度保暖、捂熱過久而引致嬰兒缺氧、高燒、大汗、脱水、昏迷的一種常見急症。

天氣寒冷時，切忌把嬰兒包裹得過緊、過厚，更不要無限地在嬰兒被褥周圍加熱水袋等物件；切忌給嬰兒蒙被睡眠，以防影響呼吸。一旦出現嬰兒捂熱綜合症，應迅速送醫。

低燒比高燒更麻煩

高燒會引起父母注意，積極診治，對症治療，寶寶恢復較快。其實低燒對人體傷害也很大，各個系統出現病變都會引起低燒。長期低燒會造成身體免疫系統下降，有時媽媽反而會疏忽低燒，導致疾病遷延，耽誤治療。

0～3個月

不宜自行服退燒藥，要及時看醫生。衣服被單不可過厚，合理餵養，按需要而哺乳。

4～12個月

體溫調節中樞尚未發育完善，風寒風熱、驚嚇均可引起體溫升高。還要警惕是否為嬰兒急診而引起的發燒。

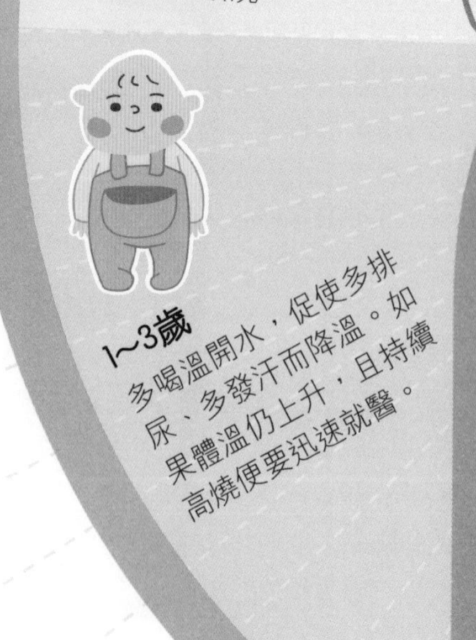

1～3歲

多喝溫開水，促使多排尿、多發汗而降溫。如果體溫仍上升，且持續高燒便要迅速就醫。

護理方法

不同年齡階段寶寶發燒的護理方法大致相同，但也會稍微有些不同，媽媽多瞭解些寶寶發燒的護理方法，照顧寶寶會更加得心應手。

退熱貼能退燒

即使退熱貼貼滿全身，對降溫的用處依然不大。

認識謬誤

在處理寶寶的發燒問題上，很多父母和長輩存在認識謬誤，很容易對寶寶產生不利影響。趕緊來學習一下正確的護理方法。

寶寶6個月大，昨天、前天，連續兩天都低燒，昨晚則燒到38.8℃，去醫院驗血後吃了一次藥，現在還是37.5℃。請問醫生怎麼辦？

如果溫度不再升高，可以不用服藥降溫，採用物理降溫的方法，同時監測體溫變化。

媽媽你要知

1. 一般情況下體溫達到38.5℃時要用退燒藥，但如果寶寶狀態好，可堅持物理降溫。
2. 有些寶寶即使體溫不到38.5℃，但是自主症狀較重，也要用藥。
3. 有過高燒驚厥史的寶寶，體溫達38℃或者體溫快速上升時便要用藥。

體溫38.5℃以下宜物理降溫

但切勿誇大物理降溫的作用

一般來說，寶寶的體溫在 38.5°C 以下時，多採用物理降溫的方法，可用溫水（37.5°C 左右）擦拭寶寶額頭、頸部、腋下、腹股溝等部位，或給寶寶洗溫水浴。

溫水擦浴注意事項

澡盆中倒入 37~38℃的水給寶寶洗澡，不是為了洗乾淨，而是讓寶寶多接觸水以達到降溫的目的。但要注意，如果周圍環境溫度低，也可只擦洗身體局部。如果寶寶對退燒藥過敏，則可使用溫水擦浴。但如果溫水擦浴讓寶寶不舒服，就應停止。

為何不建議給寶寶酒精擦浴

寶寶發燒時，許多父母會選擇酒精擦浴來給寶寶降溫，往往不僅不會降溫，有時還會造成一些不良後果。

因為寶寶的皮膚薄嫩，通透性較強，角質層發育不完善，皮下血管相當豐富，血液循環較為旺盛，發燒時全身毛細血管處於擴張狀態，毛孔張開，對酒精有較高的吸收能力，酒精經皮膚更容易吸收。寶寶肝臟功能發育不健全，容易產生酒精中毒。

酒精揮發速度快，在揮發過程中會帶走大量熱量，使體表溫度快速下降，寶寶可能因此而出現寒戰。有些寶寶可能對酒精過敏，出現皮疹、紅斑、痕癢等症狀，引起全身不良反應。因此在物理降溫過程中，不建議給寶寶用酒精擦浴，尤其是 3 歲以下的寶寶。

合理看待物理降溫

寶寶發高燒，使用藥物治療是最簡易、最快速的方法。除了藥物降溫，中國內地還常常推薦使用物理降溫，認為其安全、有效。但不要盲目誇大物理降溫的作用，還要結合寶寶的身體狀況及接受程度而定。因此，需要合理看待物理降溫。

進行物理降溫時應注意甚麼

發燒期間，為寶寶物理降溫時要警惕以下情況，同時若寶寶體溫持續不降就需要及時就醫。

畏寒
高燒伴有畏寒的寶寶慎用擦浴。

有出血傾向
如患有白血病及其他血液病的寶寶禁用擦浴。

降溫要適度
一般降至38℃左右即可。

採用藥物降溫
若不滿意物理降溫的效果，可遵照醫囑採用藥物降溫。

別喝冷水
宜選擇溫開水。

別把冰袋直接敷在寶寶皮膚上
容易造成凍傷，或使寶寶發抖。

室溫別調得太低
寶寶溫水浴時，室溫不宜低於26℃，且不要開門窗。

別擦拭寶寶前胸和腹部
擦拭這兩處反而不利於降溫。

物理降溫的方法

物理降溫的方法有很多種，一般情況下能有效緩解寶寶身體狀況，有助於寶寶恢復正常體溫。媽媽在採取物理降溫時，應該注意並觀察病情變化，如果物理降溫的方法沒有效果，應及時送寶寶去醫院進行專業治療。

宜

- 喝溫開水
- 用溫水毛巾擦拭寶寶全身
- 溫水毛巾敷額頭

忌

- 盲目推崇物理降溫
- 水溫調得高於寶寶的體溫
- 洗澡時間太長

甚麼時候應該去醫院

體溫超過38.5°C或出現不適情況

一般來説，寶寶的體溫在 38.5°C 以下時，多採用物理降溫的方法。進行物理降溫時，如果寶寶有全身發抖、哭鬧煩躁、口唇發紫等表現，便需要立即停止。如果寶寶體溫超過 38.5°C，或者伴有神志不清、嘔吐、腹瀉甚至抽搐的情況，請儘快去醫院就診。無論甚麼原因，寶寶發燒如果超過 3 天，必須到醫院就診。

就醫的準備

一般來説，媽媽會比較重視寶寶的體溫情況，其實也應特別注意寶寶的飲食、起居習慣和精神狀態是否發生了變化。寶寶發燒時，如果精神狀態和飲食習慣正常，就意味着寶寶發燒不嚴重，不必特別着急，可以及時採用物理降溫的方法。

寶寶生病時，媽媽多是着急送寶寶去醫院。去醫院前應該給寶寶穿好衣服，帶上奶、水、衣服等備用物品。因為到了醫院，不一定能馬上就醫，可能還要等待一些時間。

如果寶寶發燒時伴有腹瀉等症狀，可以把寶寶最近的排泄物也帶上，這樣到了醫院可以及時做化驗，避免浪費太多時間。

候診時先驗指血

送寶寶到醫院後難免會等一些時間，這時媽媽可以先帶寶寶驗指血。通過驗指血可以初步瞭解寶寶的身體狀況，而且檢查結果相對較快，減少候診時間。

寶寶身體發燒是一個自然的病程，退燒是需要時間的。退燒不是越快越好，過分的干預可能會對寶寶身體造成更大的損害。何時需要給寶寶吃藥與靜脈注射應根據醫生的指示，若盲目採取措施，可能會對寶寶的身體與心理健康造成傷害。

就醫時要做的檢查及禁忌

媽媽把寶寶送到醫院進行專業診療時，應遵循醫囑做檢查和進行相應治療，而不是自己隨意決定。

血常規
可以通過查看血液中的白、紅血球等來判斷寶寶病情。

尿常規
可以通過化驗檢查尿液來判斷相應的病徵。

便常規
當寶寶大便出現異常，如次數增多等情況，需做便常規檢查。

別濫食抗生素
抗生素只適用於細菌感染導致的發燒。

別着急靜脈注射
選擇治療方式需遵從醫生指示。

別急求退燒
寶寶發燒時體溫反復升降很正常。

別一發燒就吃退燒藥
輕度發燒沒必要吃退燒藥。

甚麼情況下應用抗生素

引起寶寶發燒的原因非常多，但只有細菌感染引起的發燒才能選擇使用抗生素治療。普通的感冒和流感都是病毒感染導致的，只有小部分合併了細菌或支原體感染。這需要通過醫生來進行綜合判斷。父母不能把抗生素當作萬能退燒藥給寶寶服用，如果寶寶發燒不是由細菌感染所引起，使用抗生素不僅無效，對身體也是一種危害。

宜

- 僅在細菌感染時服用
- 去醫院檢查發燒原因
- 在醫生指示下服用
- 注意合理飲食

忌

- 擅自用藥
- 隨意停藥或減量

有熱性驚厥的寶寶發燒怎麼辦

熱性驚厥絕大多數預後良好

熱性驚厥（發燒性抽搐）是小兒常見的驚厥之一。來得快也去得快，絕大多數預後良好，通常不會給寶寶造成影響。發病年齡為6個月至3歲較常見，一般到6歲後隨着大腦發育完善，驚厥症狀會得到緩解。

甚麼是熱性驚厥

熱性驚厥大多在發燒性疾病初期，是一種伴隨發燒出現的常見急症。一般發生在上呼吸道感染或其他感染性疾病初期，體溫上升到38℃以上出現驚厥，少數伴發於中耳炎、胃腸道感染或出疹性疾病初期。熱性驚厥多發於發燒24小時內、體溫驟然上升時。

熱性驚厥的症狀

1 單純型熱性驚厥：多數為全身強直陣攣或陣攣性發作，少數為強直性發作或失張力發作。多發生在6個月至6歲之間的寶寶；同一熱程中大多僅有一次發作；熱性驚厥發作形式主要為全身性發作；每次發作持續時間短，一般數秒至10分鐘；發作後意識較快恢復，預後良好。

2 複雜型熱性驚厥：一次驚厥發作時間較長，會持續15分鐘以上；同一熱程中會發作2次或以上；發作形式可為全身性，也可為局部性。

3 熱性驚厥發展為癲癇或複雜型熱性驚厥：寶寶6個月內或6歲後發病；家族有癲癇病史；去醫院檢查寶寶身體發燒，消退後有癲癇樣腦電圖異常。

避免反復驚厥而引起後遺症

寶寶反復抽搐發作對大腦有很大損害，所以要避免反復驚厥而引起的腦損傷致智力障礙。大約有20%的寶寶會變成癲癇，熱性驚厥持續時間較長，發作又頻繁，發作後會出現昏睡，有的則在體溫不是很高（38℃以下）時也發生驚厥。少數複雜型熱性驚厥的寶寶會有不同程度的智力發育滯後，因此只有防止驚厥的發生才能減少後遺症。

熱性驚厥異常症狀與檢查項目

熱性驚厥是一種伴隨發燒而出現的常見症狀，通常不會影響寶寶智力發育。但當驚厥超過 15 分鐘並伴有神志不正常等情況時，媽媽不能掉以輕心。

發作時間
發燒最初的幾小時。

持續時間
熱性驚厥超過15分鐘。

發作頻率
一次驚厥後再次驚厥。

臨床表現
伴有噴射式嘔吐，驚厥後昏睡不起或神志不清醒等症狀。

腦電圖
排除是否癲癇，無創、無輻射。

腰椎穿刺
高度懷疑腦部有感染、出血或壓力過高。

腦磁力共振(MRI)
提供有參考價值的醫學影像，無輻射。

顱腦CT(計算機體層攝影)
輻射性強，對身體有一定傷害。

驚厥發生時如何護理

寶寶發生熱性驚厥時，媽媽往往會手足無措。為了寶寶能得到最安全的護理，媽媽應該學習一些應對措施。

單純型熱性驚厥一般只有短短幾分鐘的時間，不會對寶寶造成危害或留下後患。當發作時間超過 5 分鐘或持續更長時間時，可能就不是單純的熱性驚厥，應及時打急救電話求助，在救護員來之前按照建議的措施對寶寶做好護理。

宜

- 讓寶寶側躺着或將寶寶的頭部轉向一側
- 讓寶寶躺在地板或硬板床上

忌

- 搬動寶寶身體
- 大力搖晃或緊緊抱住寶寶
- 將毛巾、手指塞進寶寶口中
- 掐人中穴

熱性驚厥的原因

熱性驚厥的原因可分為感染性與非感染性兩大類，因其表現無差異，所以寶寶一旦發生熱性驚厥，媽媽必須帶寶寶到醫院確診，查明是由何種原因引起的熱性驚厥。

感染性

（1）顱內感染
見於腦膜炎、腦炎、腦膿腫等，以化膿性腦膜炎和病毒性腦炎為多。

（2）顱外感染
由高燒、急性中毒性腦病及腦部微循環障礙引起的腦細胞缺血、組織水腫可導致驚厥。在小兒大腦發育的特殊時期，可因發燒出現其特殊的驚厥——熱性驚厥，是顱外感染中最常見的驚厥類型。由於小兒中樞神經系統以外的感染所導致，在38℃以上發燒時出現的驚厥，多發生在上呼吸道感染或某些傳染病初期。

非感染性

（1）顱內疾病
常見於顱腦損傷、顱腦缺氧、顱內出血、顱內佔位性疾病、腦發育異常、腦性癱瘓及神經皮膚綜合症。另外，還有如腦退化性病變等。

（2）顱外疾病
- 癲癇綜合症：如癲癇大發作、嬰兒痙攣症。
- 代謝異常：如半乳糖血症、糖原病、遺傳性果糖不耐受症等先天性糖代謝異常。
- 中毒：兒童常因誤服毒物、藥物或藥物過量，毒物直接作用或中毒所致代謝紊亂、缺氧等間接影響腦功能而導致驚厥。
- 水電解質紊亂：如嚴重脫水、低鈣、低鎂、低鈉、高鈉。
- 其他：急性心功能性腦缺氧綜合症、高血壓腦病、紅血球增多症、維他命 B_1 或維他命 B_6 缺乏症等。

退燒是關鍵

持續發燒會損害人體健康，造成人體器官和組織的協調功能失常。這時，給寶寶退燒是關鍵。

寶寶一旦發燒，體溫在短時間內就會快速上升，因此發生過熱性驚厥的寶寶在發燒時，媽媽應密切觀察其體溫變化，一旦體溫達 38℃以上時，應積極退燒。退燒的方法有兩種：一是物理退燒；二是藥物退燒。

在醫生指導下服用抗驚厥藥物：平時不用藥，只在每次發燒性疾病的初期，當體溫高達 37.5℃時，立即口服鎮靜藥，也可用栓劑。

長期服用抗驚厥藥物：對每年發作 5 次以上的熱性驚厥寶寶、每次發作持續時間超過 30 分鐘，可長期服用抗驚厥藥物，同時注意藥物的不良反應。

預防寶寶抽搐的方法

給寶寶充足的睡眠時間：一般而言，年齡越小的寶寶睡眠時間越長，媽媽要保證寶寶的睡眠時間充足，有利於身體機能和免疫力的增長。

養成良好的生活習慣：讓寶寶養成良好的飲食習慣，不挑食、不偏食；養成勤洗手等良好的衛生習慣；積極參加鍛煉，多運動等。

保持心情愉悦：生活中媽媽應積極引導和鼓勵寶寶，給寶寶營造愉悦的氛圍，切勿用言語傷害寶寶。

怎樣預防再發燒性驚厥

熱性驚厥為引起小兒驚厥最常見的病因，預防熱性驚厥復發，主要有兩方面。一是熱性驚厥的寶寶，注意鍛煉身體，增強體質，預防上呼吸道感染等疾病，清除慢性感染病灶，儘量減少或避免在嬰幼兒期患急性發燒性疾病，這對降低燒性驚厥的復發率有重要意義。二是間歇或長期服用抗驚厥藥預防熱性驚厥復發。

除了要養成積極的生活習慣，如果需要藥物治療，應該在醫生的指導下服用。

發燒

給寶寶的餐單

澳洲早前曾就嬰兒餵養建議指出，發燒期間的寶寶應該優先食用含鐵豐富的食品，包括強化鐵的奶類、穀物食品、瘦肉、魚肉、禽蛋等。各國的相關研究也發現，為發燒寶寶提供豐富多樣的食物，給予寶寶更充足的營養，以及抵抗疾病的營養素，可能會減少寶寶發燒時間及減輕症狀。但發燒的寶寶脾胃較虛弱，飲食宜清淡。

菠菜魚肉粥

材料：菠菜 20 克，魚肉 30 克，粳米 50 克。植物油（亞麻籽油、核桃油）適量。

適宜症狀
發燒
便秘

製法

1. 菠菜焯水，然後切成碎；將魚清理乾淨，放鍋中蒸熟，把肉剔出來，搗成魚泥，一定不要有刺。
2. 將粳米淘洗一下，煮成粥。
3. 將菠菜碎、魚泥放入粥鍋裏，加入幾滴植物油，攪拌均勻即可。

營養評價：菠菜營養豐富，但含有草酸，提前焯水，有利於去除一定的草酸。菠菜魚肉粥富含鐵元素，有助寶寶退燒。

番茄雞蛋羹

材料：番茄半個，雞蛋 1 個，鹽、葱花各適量。

適宜症狀
發燒
感冒

製法

1. 番茄洗淨，去皮切粒；放入鍋中煮至熟爛。
2. 雞蛋打散後放適量鹽，然後加入番茄粒，一起上鍋蒸 5 分鐘，撒上葱花即可。

營養評價：口感清甜，營養均衡，適合發燒寶寶食用。

百合雪耳湯

原料：乾雪耳 10 克，鮮百合 50 克，冰糖適量。

適宜症狀
發燒
乏力

製法

1. 乾雪耳浸泡 2 小時，充分漲發，去硬蒂，撕小朵，洗淨。
2. 湯煲內放雪耳，加水，煮至雪耳變得軟爛黏稠。
3. 加鮮百合和冰糖，煮至冰糖溶化即可。

營養評價：雪耳能益胃補氣，和百合配搭，可緩解發燒和津少口渴等症狀。

綠豆蓮子雪耳湯

材料：綠豆 50 克，蓮子 30 克，乾雪耳 20 克，冰糖適量。

適宜症狀
發燒
厭食

製法

1. 綠豆、蓮子分別浸泡 20 分鐘。
2. 乾雪耳泡發洗淨，撕成小朵。
3. 將綠豆、蓮子放入砂鍋，加水大火煮沸，煮 10 分鐘後放入雪耳，轉小火煮 40 分鐘，加入冰糖至溶化，蓋上鍋蓋燜半小時即可。

營養評價：綠豆有清熱解毒的作用，適用於發燒期間不思飲食的寶寶。

田園時蔬

材料：蓮藕、乾木耳各等量，荷蘭豆、紅蘿蔔、植物油、鹽、醋各適量。

適宜症狀
發燒
咳嗽

製法

1. 乾木耳泡發，洗淨，撕小朵；蓮藕洗淨，去皮，切片；紅蘿蔔洗淨，切片；荷蘭豆，用鹽水浸泡洗淨。
2. 蓮藕、荷蘭豆、木耳焯水，瀝乾。
3. 熱鍋放植物油，倒入紅蘿蔔片、荷蘭豆、蓮藕片、木耳翻炒，加鹽、醋調味即可。

營養評價：蓮藕富含碳水化合物等，口感甜脆；木耳含鐵豐富。田園時蔬是營養健康的美味佳餚，有利於寶寶散熱。

涼拌西瓜皮

材料：西瓜皮 100 克，鹽、白糖、醋各適量。

製法

1. 西瓜皮削去最外層綠皮，洗淨切粒。
2. 加白糖、鹽拌勻，醃製 1 小時。
3. 濾去醃汁，用水略洗，淋上醋拌勻即可。

營養評價：西瓜皮清熱、止渴，可有效改善寶寶的發燒症狀，適用於發燒不退、口渴的寶寶。

苦瓜豆腐湯

材料：豆腐 100 克，苦瓜、鹽各適量。

製法

1. 苦瓜洗淨、切絲，豆腐切片。
2. 將苦瓜絲和豆腐片放進鍋中，加適量水煎煮，加鹽調味即可。

營養評價：苦瓜、豆腐同食可清熱、生津，適用於夏季發燒的寶寶。

紅糖薑湯

材料：生薑 5 片，紅棗乾 15 克，紅糖 50 克。

製法

1. 將紅棗乾洗淨。
2. 將紅糖、紅棗乾放入鍋中，加適量水，煎煮 20 分鐘後，再加入生薑片。
3. 蓋上鍋蓋嚴，再煮 5 分鐘，去渣取汁即可。

營養評價：生薑所含的薑辣素和薑油能舒張血管，促進發汗，適用於脾胃虛寒、肺寒痰咳、風寒感冒引起的發燒。

西瓜馬蹄汁

材料：馬蹄 5 顆，西瓜瓤 100 克。

製法

1. 將馬蹄洗淨削皮，切塊。
2. 將西瓜瓤去籽，切塊。
3. 將兩者放入榨汁機中榨汁即可。

營養評價：西瓜清涼解渴，馬蹄質嫩多津，適用於緩解寶寶發燒後期心煩口渴、低燒不退等症狀。

金銀花薄荷飲

材料：金銀花 30 克，薄荷 10 克，鮮蘆根 60 克，白糖適量。

製法

1. 將金銀花、薄荷、鮮蘆根洗淨備用。
2. 將金銀花和鮮蘆根放入鍋中，加 500 毫升水煮 15 分鐘，再加入薄荷。
3. 煮好之後去渣取汁液，加白糖調勻，趁溫熱服用即可。

營養評價：金銀花性寒，味甘，具有清熱解毒、疏散風熱的功效。

番薯香蕉蛋黃泥

原料：番薯 30 克，香蕉 20 克，熟雞蛋黃 1 個。

適宜症狀

發燒

便秘

製法

1. 將番薯洗淨去皮，切塊；香蕉去皮打成泥。
2. 將番薯塊、香蕉泥放入碗內，隔水蒸熟。
3. 將蒸熟後的番薯、香蕉泥，以及熟蛋黃加適量溫水搗成泥，或用攪拌機打成泥，調勻即可。

營養評價：番薯含有豐富的碳水化合物，還富含可溶性膳食纖維，適用於伴有便秘症狀的發燒寶寶食用。

與發燒相關的5種常見病

輕微的發燒會增強免疫力

短時間的發燒會增強寶寶的免疫系統反應，對寶寶身體起到一定的保護作用，但持續發燒會損害寶寶的身體健康，造成寶寶身體器官和組織的協調功能失常，引發併發症。

小兒化膿性扁桃體炎

小兒化膿性扁桃體發炎是寶寶的一種常見疾病，屬由細菌感染所致的上呼吸道疾病。

寶寶的扁桃體一般在6個月時開始發育，4~6歲發育達到高峰，12歲開始萎縮。扁桃體是人體呼吸道的門戶，是個活躍的免疫器官，並含有各個發育階段的淋巴細胞及免疫細胞，能抑制和消滅自口、鼻進入的致病菌和病毒。目前的共識是，6歲以下兒童的扁桃體有重要的生理功能，儘量不切除。

小兒扁桃體為何易反復化膿

扁桃體是呼吸道的門戶，最易被口、鼻的細菌和病毒入侵。扁桃體小窩易積存細菌和代謝產物，藏污納垢，只要濕度和溫度適宜，就容易被感染。扁桃體小窩上皮稀疏，其間常可見淋巴細胞和其他遊走細胞，形成了「小窩上皮細網化」，而成為機體與病原體和毒素鬥爭的場所。扁桃體上有許多較深的小窩，若患了扁桃體炎，病原體隱藏較深，容易形成病灶，無論是口服用藥，還是靜脈給藥，常不能有效清除。加上小兒免疫系統尚未健全，因此，易受病原體的反復侵襲而反復發作。

培養良好生活習慣

應讓寶寶養成良好的生活習慣，要有充足的睡眠時間，隨天氣變化及時增減衣服，保持室內空氣流通，減少接觸空氣污染。堅持讓寶寶鍛煉身體，提高抵抗疾病的能力，不過度疲勞。均衡膳食，合理營養。應養成不偏食、不暴飲暴食的良好習慣。

在小兒呼吸道感染病例當中，化膿性扁桃體炎佔10%~15%。其治療起來也有一定的難度，越早發現，規範治療，效果就越好。

小兒扁桃體發炎的護理和危害

當媽媽發現寶寶患上化膿性扁桃體炎時，應儘快辨明是由甚麼原因導致，然後對症採取措施。

細菌感染
遵照醫囑使用敏感抗生素，足量足療程，治療徹底。

病毒感染
對症護理，多休息，多飲水。

扁桃體炎反復發作
由專科醫生決定是否需要手術治療。

細菌和病毒混合感染
找醫生對症治療，並做好護理。

轉為慢性扁桃體炎
需增強寶寶體質，平時注意減少感冒、著涼的情況。

引起併發症
扁桃體反復發炎，易引起風濕熱、腎小球腎炎等併發症。

免疫功能紊亂
易使免疫系統功能紊亂，引起全身併發症。

影響日常生活
兒童扁桃體過度肥大可影響呼吸和吞咽。

如何進行護理

如果寶寶發燒、咽痛、流涎，有時伴咳嗽、嘔吐，有可能是扁桃體發炎了，需引起重視。

感冒發燒容易引起扁桃體發炎，家長應預防寶寶感冒，減少扁桃體發炎的可能性。如果寶寶全身症狀輕，精神好，可以在家調理。嚴重時要及時去醫院。

宜

- 臥床休息
- 室內空氣有一定濕度
- 定時打開門窗，通風換氣
- 保持空氣新鮮

忌

- 室內吸煙
- 室內溫度過高
- 長時間關上門窗

幼兒急疹

寶寶發燒退了出疹，可能是幼兒急疹。幼兒急疹多是由皰疹病毒6、7型感染引起的，每個寶寶幾乎都會感染。臨床表現為突發高燒，熱度可高達39.5℃以上，持續3~5天，一般情況良好，全身症狀輕，上呼吸道感染症狀輕，「熱退疹出」是特點。疹子是紅色斑丘疹，壓之退色，分佈以軀幹為主，2~3天退盡，整個病程8~10天，預後良好。

幼兒急疹會傳染嗎

幼兒急疹是由病毒引起的，通常是由呼吸道呼出的飛沫來傳播的一種急性傳染病，所以具有傳染性。如果健康嬰幼兒與無症狀的成人患者或幼兒急疹患者密切接觸，體內又缺乏免疫力，就非常有可能被傳染。幼兒急疹預防的關鍵在於不要與患幼兒急疹的寶寶接觸。同時，需合理餵養，提高自身的免疫力。

如何區分幼兒急疹與其他皮疹

幼兒急疹為熱退後出疹，皮疹為紅色斑丘疹，分佈於面部及軀幹，可持續3~4天，皮疹無痕癢，可自行消退，沒有脱屑，沒有色素沉積。

如何對幼兒急疹的寶寶進行護理

幼兒急疹是由病毒感染引起的，治療無特效藥。加強護理和給予適當的對症治療，幾天後就會自癒。寶寶發燒時監測體溫，可用物理降溫，必要時藥物降溫。

空氣流暢
經常開窗通風。

充足睡眠
保證寶寶的休息時間。

清潔
保持寶寶皮膚的清潔衛生。

膳食
飲食清淡、易消化。

別濫用藥物
觀察寶寶的精神狀態，有需要時應去醫院而不是擅自用藥。

別穿得太厚
不利於寶寶的皮膚散熱。

別添加新的輔食
會導致寶寶消化不良。

別一味追求純母乳餵養
應適當給寶寶餵溫開水。

小兒肺炎

小兒肺炎是嬰幼兒時期的常見病。3歲以內的嬰幼兒在冬、春季節患肺炎較多，主要臨床表現為發燒、咳嗽、呼吸急促、呼吸困難以及肺部囉音（呼吸音以外的其他聲音）等。小兒肺炎是嬰幼兒死亡的常見原因。一旦寶寶得了肺炎，需要積極治療，家長不可掉以輕心。

有甚麼併發症

肺炎是一種多發且嚴重的感染性疾病，可能引發心力衰竭、腦炎、肺膿腫等甚至死亡。肺炎的治療應採用綜合措施，積極控制炎症，改善肺的通氣功能，防止併發症。

毛細支氣管炎

毛細支氣管炎是2歲以下嬰幼兒常有的呼吸道感染性疾病。以呼吸急促、咳嗽、喘憋為主要臨床表現，多見於冬季，1~6個月的嬰兒是發病的高危人群。

如何進行護理

對患小兒肺炎的寶寶需及時發現並給予有效的治療，寶寶大多可以很快康復。小兒肺炎還可以併發肺不張、肺氣腫、肺大泡、支氣管擴張症等，所以小兒肺炎既為一種常見病，又為一種危重症，故家長要注意預防和護理。寶寶如有咳嗽、輕微氣喘、喉鳴等，要及時就醫。

宜

- 保持室內空氣清新
- 保持空氣溫度、濕度適宜
- 保持寶寶呼吸道通暢
- 加強營養，進食易消化食物

忌

- 跟其他寶寶密切接觸
- 飲食過於油膩
- 吃刺激性食物

小兒皰疹性咽峽炎

小兒皰疹性咽峽炎是由柯薩奇病毒引起，常發生在夏秋兩季，是一種常見的病毒性咽炎。常伴隨寶寶發燒、感冒時發生，也可能單獨發生，除咽部外，口腔黏膜亦可發生皰疹。小兒皰疹性咽峽炎如單獨發生，多無全身症狀。

引起皰疹性咽峽炎的腸道病毒主要通過糞便傳播，也可以通過咳嗽、噴嚏傳播，在潛伏期到患病的幾周內都有傳染性。

小兒皰疹性咽峽炎的臨床表現

小兒皰疹性咽峽炎，多見於 3~10 歲寶寶。同一患病寶寶可多次發生，可每次由不同型病毒引起。潛伏期 3~10 天。多以突發高燒開始，1~2 天可達高峰，體溫升至 39~41℃，伴頭痛、咽部不適、肌痛等不適，嬰幼兒常有嘔吐、流涎拒食，甚而發生高燒驚厥。

小兒皰疹性咽峽炎大多數為輕型，有自限性，病程大概1~2周，預後良好。但也有合併細菌感染的機率，可能併發腦膜炎、心肌炎等症，如果持續高燒、潰瘍不癒，並伴有嘔吐、頭痛、精神萎靡等症狀，應及時去醫院就醫。

如何對患皰疹性咽峽炎的寶寶進行護理

夏秋兩季是皰疹性咽峽炎的高發季節，這時氣溫高、雨水較多、空氣流通不暢，容易導致細菌和病毒急劇繁殖，進入呼吸道而引發疾病。

營養充足
給寶寶補充營養，清淡飲食。

自身清潔
注意口腔衛生，勤洗手。

室內清潔
保持室內衛生乾淨、無灰塵。

空氣流通
室內多通風換氣。

別隨意刷洗寶寶餐具
應時常對寶寶餐具進行消毒處理。

別隨意使用抗生素
濫用抗生素會損害寶寶健康。

別去人多的地方
增加感染機會。

別吃刺激性食物
容易刺激口腔黏膜，加重不適。

小兒痢疾

痢疾是小兒常見的腸道傳染病，一般是吃了被痢疾桿菌污染了的食物或飲料而引起的。多發於夏秋兩季，是以腹痛、裏急後重、排黏液或膿血便為主症的腸道傳染病。

時間。起病急，寶寶全身乏力、食慾減退，還會伴隨噁心、嘔吐等症狀。病程時間過長，會發展成慢性痢疾，常見於患營養不良、貧血等症的寶寶。

小兒痢疾的臨床表現

隨着寶寶體溫升高，會出現精神萎靡、嗜睡和煩躁的症狀，甚至驚厥，伴有腹痛，排便後仍有便意或膿血便等，寶寶排便前會因腹痛而哭鬧不安。

潛伏期一般 1~2 天，有時會持續更長

小兒痢疾容易與腹瀉混淆，年齡小的寶寶臨床症狀不太典型。開始時大便多為水樣，伴有嘔吐，之後大便次數會增多，但大便量卻在減少，反復發作的寶寶可能會出現脱肛現象。媽媽應引起注意，及時帶寶寶去醫院進行專業治療，就診前媽媽可以預留一點兒寶寶的大便，在 2 小時內拿到醫院進行化驗。

如何進行護理

痢疾是常見的腸道感染疾病，在寶寶出現上述症狀時，媽媽應儘快將寶寶送醫院進行治療。在醫生的指導下對寶寶進行降溫和用藥，以免出現高燒驚厥。在日常生活中也應該對寶寶加強護理。

宜

- 飲食要清淡
- 喝些淡鹽開水
- 注意飲食衛生
- 注意個人衛生

忌

- 吃油膩、生冷、辛辣、堅硬的食物
- 吃放置過久的食物
- 吃沒清洗乾淨的水果

咳嗽
急性
喉炎
刺激
拍背
流感
口唇
發紫
過敏
肺結核
三凹症
肺炎
多喝水
百日咳

第2章
寶寶咳嗽怎麼辦

咳嗽與發燒一樣，是寶寶的常見症狀之一，也是呼吸系統疾病的共有症狀。咳嗽並不完全是一件壞事，有時能幫助寶寶清除進入呼吸道的異物。但當寶寶被咳嗽煩擾時，媽媽要根據寶寶的精神狀態和表現來採取相應的措施。

關於咳嗽 媽媽需要知道的

咳嗽是寶寶的常見症狀之一

咳嗽是寶寶的常見症狀之一，也是呼吸系統疾病的共有症狀。咳嗽以冬春季節發病率最高，多見於6歲以下的寶寶。

如何分清咳嗽的性質

聽咳嗽聲。咳嗽伴有呼吸急促、劇烈咳嗽、咳痰，甚至胸痛的多屬肺炎；咳嗽伴有喉中哮鳴聲的多屬哮喘；咳嗽陣作，並有回聲，常為百日咳；咳聲嘶啞，呼吸困難如犬吠聲，常見於喉炎；咳聲清揚多屬風熱；咳聲重濁，多屬風寒。

從現代醫學的角度來看，寶寶容易患呼吸系統疾病、容易咳嗽的原因有：寶寶的鼻腔內鼻毛較少，不能有效地將空氣過濾並且加溫加濕；呼吸道免疫功能較弱；年齡較小的寶寶冷暖不能自調，不能及時增減衣物。

寶寶咳嗽時怎麼護理

咳嗽是呼吸道的一種保護反應，咳嗽了不是要馬上止咳，而應儘快消炎、排痰，必要時緩解咳嗽症狀。可以參考以下方法：

1. 拍背促排痰：媽媽可拍寶寶背部，幫助吐痰，即使有嘔吐也無妨。多數寶寶吐出痰後咳嗽減輕。

2. 加濕空氣　濕化氣道：如果家裏沒有霧化機，可以嘗試，倒杯開水，放在寶寶口鼻下方讓寶寶聞聞霧氣，深呼吸，注意不要燙傷；或者打開花灑，放出熱水，有霧氣出來時讓寶寶進去待一會兒，都可以濕化氣道，稀釋痰液。如果寶寶哭鬧劇烈，此法無效，同時注意多飲溫水。

3. 選用抗過敏藥：在確定炎症已控制或消除的情況下出現刺激性咳嗽、陣發性乾咳，可能為過敏性咳嗽，可以遵照醫囑服抗過敏藥。

需要就醫的症狀與相應措施

一般的咳嗽其實並不是一件壞事，但當寶寶咳嗽伴隨下列症狀時，媽媽需送寶寶去醫院，候診時，注意觀察寶寶的症狀變化，還可以為寶寶做一些護理。

看呼吸頻率
呼吸頻率明顯加快，提示肺功能可能出現問題。

口唇發紫
嘴巴發紫、發白或發灰。

不規律的呼吸
呼吸長短不一，深淺不一。

三凹症
指吸氣時胸骨上窩、鎖骨上窩、劍突下明顯凹陷。

安撫寶寶
寶寶患病時容易哭鬧，加重咳喘。安撫寶寶也有利於聽診。

拍背
輕輕給寶寶拍背，助其咳嗽，排除痰液。

咳嗽時勿急於餵食
以免導致食物被吸入氣管。

多喝水
飲用溫水來稀釋分泌物，從而緩解咳嗽。

快速止咳小貼士

咳嗽是一種人體自我保護的反應，主要是為了清除呼吸道內的分泌物或異物。咳嗽有其好的一面，但長期劇烈咳嗽可能會影響肺功能。因此，需要合理看待寶寶咳嗽。有些媽媽一聽到寶寶咳嗽，馬上變得緊張起來，不知所措，以下有些快速止咳的小貼士推薦給媽媽。

宜

- 熱咳時，煮馬蹄雪梨水給寶寶喝
- 寒咳時，煮薑水給寶寶喝
- 按壓孔最穴，推膻中穴

忌

- 吃刺激性食物
- 去人多、灰塵多的地方
- 大量吃補品

不同年齡階段寶寶咳嗽的護理

咳嗽是一種防禦性反射運動，可以阻止吸入異物，防止支氣管分泌物的積聚，清除分泌物，避免呼吸道繼發感染。

百日咳

百日咳是小兒常見的一種呼吸道傳染病，是由百日咳桿菌所傳染的。以陣發性痙攣性咳嗽，伴有雞鳴樣吸氣聲為主要症狀。寶寶患百日咳後，應及時治療，還要清淡飲食，開窗通風，且避免與其他寶寶接觸。

支氣管異物

寶寶牙齒發育不完善，咀嚼功能差，不能嚼碎較硬的食物，加上寶寶喜歡用手抓吃食物，很容易在哭鬧或嬉笑時將異物吸入氣管。由於寶寶咽喉的防禦反射功能差，保護作用不健全，常常因支氣管吸入異物而突然出現劇烈咳嗽、面色發紫、呼吸困難。呼吸道異物是最常見的兒童意外傷害之一。

0~3個月

如咳嗽、拒乳、口吐白沫，應及時就醫。

4~12個月

可以使寶寶微微立起，用手輕輕拍打其背部。多喝一些溫開水，保持室內溫度和濕度適宜。

護理方法

寶寶咳嗽時，應根據寶寶的表現採取相應措施。多瞭解寶寶的身體狀況，懂得分辨寶寶咳嗽的原因。

寶寶6歲9個月，總是生病，特別愛咳嗽，可能跟寶寶常年打針吃藥有關係，怎樣能提高他的免疫力？

寶寶免疫力低，感冒咳嗽比較常見，注意均衡飲食，有利於提高免疫力，但沒有某一種食物一吃就可以提高免疫力！還應適當加強鍛煉，增加肺活量。

媽媽你要知

1. 寶寶有咳嗽、流涕等輕微感冒症狀，但精神狀況尚好、基本不影響飲食，媽媽可以在家觀察，對症護理。
2. 出現咳嗽加劇、氣喘、呼吸加快、口部四周發紫、面色蒼白等症狀，應儘快去醫院就診。

為甚麼寶寶夜間咳嗽更厲害

鼻腔分泌物無法排出來

寶寶特別容易咳嗽，往往咳嗽時，晚間平躺下比白天站立時更厲害。媽媽首先不要慌，應該學會判斷寶寶的咳嗽屬甚麼性質。

淺咳與深咳的區別

寶寶咳嗽一般分為淺咳與深咳，兩者很好區別。淺咳一般發生在嗓子裏，聲音短促，較短較淺。

淺咳一般白天的時候咳嗽較少，而往往夜晚的時候咳嗽較多。因為寶寶平躺時嗓子位置較低，鼻腔裏的分泌物無法通過流鼻涕的方法排出來，就會進到嗓子裏，刺激嗓子引起咳嗽，於是寶寶晚上往往咳嗽較多，不能好好入眠。

寶寶深咳一般發生在氣管、支氣管或是肺。深咳一次比較費力，像是從胸腔裏發出，説明部位深來自下食道。此時已是嚴重的表現，應及時就醫。

夜間咳嗽是否有炎症

寶寶夜間容易咳嗽。媽媽應該觀察寶寶是否一躺下就咳嗽，還是過一段時間才開始咳嗽。寶寶鼻子堵塞，呼吸不暢，一段時間後分泌物流到咽喉，引起咳嗽，深睡眠後咳嗽減少或不咳，這可能是鼻子的問題。應到耳鼻喉科就診。如果寶寶一躺下就咳嗽，呼吸道受刺激，不能好好睡覺，長時間咳嗽停不下來，可能是咳嗽變異性哮喘或過敏性咳嗽等。

媽媽可以使寶寶保持側臥狀態，把耳朵貼到寶寶的後背，聽寶寶的呼吸聲。如果寶寶的呼吸聲不順暢，有很多嘈雜的聲音，那麼寶寶支氣管可能出現了問題；如果寶寶的呼吸帶有喘促聲，有可能是支氣管哮喘或喘息性支氣管炎。不管是哪種情況，都應該及時去醫院進行專業診療。

咳嗽可能導致的疾病

一般寶寶咳嗽的目的是為了排出呼吸道的分泌物，可以說是寶寶的一種自我保護。如果咳嗽劇烈、時間長，影響睡眠，就可能發生炎症或有其他問題。

急性支氣管炎
深咳且頻繁，咳出白痰或黃痰。

急性喉炎
犬吠樣咳嗽，聲音嘶啞，吸氣性呼吸困難，或伴發燒。

支氣管肺炎
陣咳明顯，咳痰，喘息，持續高燒。

支原體肺炎
咳嗽較重，呈陣發性，初期乾咳，後期分泌物增多。

哮喘性支氣管炎
輕微乾咳，很快出現喘息、呼氣性呼吸困難。

支氣管異物
突然出現劇烈嗆咳，面色發紫，呼吸困難。

百日咳
陣發性、痙攣性咳嗽。

肺結核
陣發性、乾咳性咳嗽，低燒或高燒。

寶寶咳嗽時如何護理

寶寶夜間咳嗽會嚴重影響睡眠，身體得不到良好的休息，更會加重病情，同時也會使媽媽睡不好。當寶寶咳嗽時，媽媽不應焦慮不安，而應觀察寶寶的精神狀態，採取相應的護理，以緩解寶寶咳嗽。

宜

- 讓寶寶身體側躺着
- 平躺時，稍微墊高頭、胸部
- 在睡前適量喝溫水
- 輕輕拍打寶寶背部
- 寒咳時，用熱水袋敷在寶寶背部

忌

- 立即吃止咳藥
- 吃刺激性、油膩食物
- 食用補品

寶寶有痰咳不出怎麼辦

幫助寶寶排出痰液

呼吸道的痰液裏有很多蛋白質的成分，如果寶寶咳不出來，通過呼吸道進去的細菌就會在痰液裏快速繁殖導致感染。寶寶咳嗽時的力量很弱，不能徹底清除呼吸道中的分泌物，痰液不能順暢流通，寶寶的病情就會加重。

寶寶有痰怎麼辦

咳嗽是一種人體排除異物的自我保護途徑，寶寶有痰時，應鼓勵他咳出來，即使不會吐，到了喉嚨咽下去進入腸道也可以。如果咳不出，媽媽可以幫助寶寶做以下的一些護理：

1. 拍拍寶寶的背部：媽媽可以通過拍背幫助寶寶吐痰，注意拍背的手背要拱起，手掌要呈空心狀。從下向上，由外而內，拍寶寶背部兩側，要交替進行，以拍到背部振動為佳，每側拍 3~5 分鐘，每天 2~3 次即可。

2. 多喝溫熱水：要多給寶寶喝溫熱的白開水，充足的水分能有效幫助寶寶稀釋痰液，有利於痰液的咳出。飲食上也要儘量清淡。

3. 霧化治療：霧化治療是比較好的，藥物直接吸入至氣道發揮作用。

反復咳嗽怎麼辦

寶寶咳嗽本身不是一種病，而是常見的症狀之一，是身體的一種保護機制，但是反復咳嗽並不利於寶寶的身體健康。媽媽應該根據寶寶的咳嗽症狀採取相應的護理。一般來說，當寶寶咳嗽時，應以祛痰為主，儘量幫助寶寶排出痰液，從而使細菌不易繁殖，呼吸道恢復順暢，有效緩解寶寶咳嗽。

咳嗽可能導致的疾病

一般寶寶咳嗽的目的是為了排出呼吸道的分泌物，可以說是寶寶的一種自我保護機制。如果咳嗽劇烈、時間長，影響睡眠與休息，就可能發生炎症或有其他問題。

咳嗽的原因及禁忌

很多寶寶咳嗽長時間未見好，媽媽便非常着急，不知道到底是甚麼原因引起的，以下是一些可能引發咳嗽的原因以及媽媽應該採取的措施。

普通感冒
不會超過1個星期，多為一聲聲刺激性的咳嗽。伴有鼻塞、流涕等。

流感
多發於冬春流感季節，常有多個寶寶同時感染的現象。多會發燒。

過敏
持續或反復發作的劇烈咳嗽，聞到刺激性氣味加重。

冷空氣刺激
會刺激呼吸道，導致咳嗽。

別不出門
媽媽應當多帶寶寶到戶外活動，加強鍛煉。

別接觸毛髮
家裏不要養寵物或給寶寶玩毛絨玩具等。

別到人多的地方
發於流感季節時的咳嗽，常有集體病發現象。

別吃油膩食物
宜飲食清淡，多吃新鮮蔬菜水果，忌油膩和刺激性食物。

如何護理反復咳嗽的寶寶

普通的咳嗽可能會使寶寶有鼻塞、流鼻涕的症狀，伴食慾不振、精神萎靡。稍微嚴重時，會反復咳嗽，總不見好，媽媽應及時送寶寶去醫院治療，也應在日常生活中做好相關護理。

宜

- 多喝溫開水
- 遠離人群
- 保持空氣流通、衛生清潔
- 及時就醫

忌

- 接觸其他咳嗽寶寶
- 濫用藥物
- 穿得太少
- 吃刺激性食物

寶寶咳嗽期間需要增加營養，以便提升抵抗力。由於咳嗽常伴有其他症狀，可能會影響寶寶的食慾。因此，如果寶寶願意進食，就盡可能讓寶寶正常吃飯；如果寶寶不願意吃蔬菜和水果，可以適量喝點蔬果汁；如果寶寶吃飯很少，但願意喝奶，可以適量增加奶的攝入。

蜂蜜雪梨湯

材料：雪梨 1 個，蜂蜜適量。

製法

1. 雪梨洗淨，切塊。
2. 鍋中加入適量水，加入雪梨塊大火煮開。
3. 待雪梨熟透時關火，稍涼，加入蜂蜜拌勻即可。

營養評價：蜂蜜和雪梨都含有一定的果糖，對緩解咳嗽有益。不建議 1 歲以內的寶寶吃蜂蜜。

銀魚蒸蛋

材料：銀魚 5 克，雞蛋 1 個，葱花、麻油各適量。

適宜症狀
咳嗽
乏力

製法

1. 雞蛋打入碗中攪拌均勻，加入適量清水，放入鍋中蒸 10 分鐘。
2. 打開鍋蓋，放入銀魚再蒸 2 分鐘。
3. 出鍋時撒入葱花，滴入麻油即可。

營養評價：營養豐富，質地嫩滑，容易消化吸收。銀魚和雞蛋均含有優質蛋白，口感好，適合咳嗽的寶寶食用。

八寶粥

材料:黑豆、芸豆、紅豆、花生、蓮子、紅棗、薏米、桂圓肉各適量。

適宜症狀
咳嗽
厭食

製法

1. 黑豆、芸豆、紅豆、花生、薏米、蓮子提前浸泡 3~4 小時,洗淨。
2. 將所有材料放入鍋中,加入適量清水,大火燒開,轉小火熬 2 小時,至豆熟粥爛即可。也可以用電高壓鍋煮豆模式,將豆煮爛。

營養評價:八寶粥含有多種穀類食物,營養豐富;含有豐富碳水化合物和多種維他命 B 雜;對咳嗽伴有食慾不佳的寶寶,也能有一定的吸引力。

紅蘿蔔馬蹄湯

原料:紅蘿蔔 100 克,馬蹄 200 克,甘草適量。

適宜症狀
咳嗽
發燒

製法

1. 紅蘿蔔、馬蹄去皮洗淨;紅蘿蔔切塊;馬蹄對切;甘草洗淨,切片。
2. 把原料放入鍋中,加開水,大火煮沸,轉小火燉 1 小時即可。

營養評價:馬蹄有清肺止咳、生津化痰的功效,可用於緩解肺熱咳嗽或由熱病引發的咳黃黏膿痰等症狀。

川貝冰糖燉梨

材料:雪梨 1 個,川貝粉 3 克,冰糖適量。

適宜症狀
咳嗽

製法

1. 雪梨削皮,切成塊。
2. 將雪梨、冰糖、川貝粉放入鍋中,加適量水,大火煮開,轉小火燉 20 分鐘,放涼後食用即可。

營養評價:雪梨含蘋果酸、檸檬酸、維他命 B_1、維他命 B_2、維他命 C、胡蘿蔔素等,具有生津潤燥、清熱化痰之功效;川貝有化痰止咳,清熱散結的作用。

蛋黃粟米泥

材料：雞蛋 1 個，粟米粒適量。

適宜症狀
咳嗽
胸悶

製法

1. 粟米粒洗淨，用攪拌器打成泥；雞蛋煮熟，取蛋黃搗成泥狀。
2. 將粟米泥放入鍋中，隔水蒸熟，加入蛋黃泥，攪勻即可。

營養評價：粟米屬全穀類食物，口感不錯，可以打成泥。和蛋黃配搭，味道更好。

紅蘿蔔菠菜雞蛋炒飯

材料：熟米飯 50 克，雞蛋 1 個，紅蘿蔔、菠菜各 20 克，葱末、鹽、植物油各適量。

適宜症狀
咳嗽
消瘦

製法

1. 紅蘿蔔洗淨、切粒；菠菜洗淨、切碎；雞蛋打成蛋液。
2. 鍋中倒油，放入雞蛋液，炒散，盛出備用。
3. 鍋中倒油，放葱末煸香，加紅蘿蔔粒、菠菜碎、雞蛋翻炒至熟，加鹽調味，最後放入熟米飯翻炒片刻即可。

營養評價：紅蘿蔔菠菜雞蛋炒飯富含蛋白質、胡蘿蔔素、鐵、鈣等營養素，有利於寶寶的健康成長。

蒸雞蛋羹

材料：雞蛋 2 個，鹽適量。

適宜症狀
咳嗽
厭食

製法

1. 雞蛋磕入碗中打散，加鹽調味，溫開水倒入蛋液中；用篩網過篩2遍，去掉蛋液中的空氣。
2. 蓋上保鮮紙，用牙籤在保鮮紙上紥幾個孔。蒸鍋內加水燒開，把碗放入蒸屜上，中小火蒸約8分鐘即可。

營養評價：雞蛋中含有豐富的優質蛋白質、卵磷脂、多種維他命和礦物質，適合寶寶咳嗽時食用。

紫菜雞蛋湯

材料：雞蛋，紫菜，蝦皮，蔥花，鹽，麻油各適量。

適宜症狀
咳嗽
咽癢

製法

1. 將紫菜撕成片狀；雞蛋打勻成蛋液，在蛋液裏放入一點鹽，攪拌均勻。
2. 鍋裏倒入水，待水煮沸後放入蝦皮略煮，再倒入雞蛋液，攪拌成蛋花；放入紫菜片，用中火再繼續煮 3 分鐘。
3. 出鍋前放入鹽調味，撒上蔥花，淋入麻油，攪勻即可。

營養評價：紫菜含有豐富的碘，可以給寶寶補碘，還有緩解寶寶咳嗽的作用。

魚肉粥

材料：小米、粳米各 25 克，魚肉 50 克，麻油、鹽各適量。

適宜症狀
咳嗽

製法

1. 魚肉洗淨去刺，剁成泥；小米、粳米一起淘洗乾淨。
2. 將小米、粳米入鍋煮成粥後，放入魚泥煮熟。
3. 加鹽稍煮，淋上麻油即可。

營養評價：魚肉肉嫩，含有豐富的 DHA 或 EPA，尤其是深海魚。因此，可以在寶寶咳嗽時適當吃些魚肉。

紅蘿蔔山楂汁

材料：山楂 30 克，紅蘿蔔 50 克。

適宜症狀
咳嗽
咽乾

製法

1. 山楂洗淨、去籽，切 4 瓣；紅蘿蔔洗淨，切碎。
2. 將山楂、紅蘿蔔碎放入榨汁機中榨汁，濾渣取汁，溫服即可。

營養評價：山楂富含維他命 C、有機酸等，還可以與紅蘿蔔配搭榨成汁，溫熱後給寶寶飲用，可潤喉，緩解寶寶咳嗽。

與咳嗽相關的5種常見病

及時分辨寶寶咳嗽的原因

咳嗽是一種人體自我保護的反應，主要是為了清除呼吸道內的分泌物或異物。咳嗽有其有利的一面，但長期劇烈咳嗽可能會導致支氣管擴張、肺功能受影響。

支氣管炎

在醫院兒科門診中，每天都會碰到一些因咳嗽來就診的寶寶。家長反映說，寶寶咳嗽已一個多星期了，咳嗽多發生在夜間或凌晨，運動後咳嗽加重、痰多，胸部 X 光片顯示肺紋理增阻，咳嗽前曾有感冒症狀，服用抗生素效果不明顯。

怎麼區分不同的咳嗽類型

它們的共通點是咳嗽，從病情嚴重程度看是逐級遞增的。但單從咳嗽次數、頻率上則很難區分。

用比喻說，普通咳嗽是「樓房門口」，支氣管炎是「走廊」，肺炎則是病原體侵犯到各個「房間」裏。

肺炎的特點是呼吸加快。用一種簡易的方法可以算出寶寶的呼吸頻率，當寶寶安靜時或入睡後，數寶寶每分鐘呼吸的次數。呼吸增快的標準是：1~2 個月嬰兒呼吸頻率大於或等於每分鐘 60 次；2 個月至 1 歲嬰兒呼吸頻率大於或等於每分鐘 50 次；1~3 歲幼兒呼吸頻率大於或等於每分鐘 40 次。若出現呼吸加快，則患肺炎的可能性較大。

有時醫生聽診可以判斷，聽到細濕囉音一般就是肺炎，但聽不到也不能排除得肺炎的可能性。到醫院照胸部 X 光片是很直接的確診方法，可以明確區分是支氣管炎還是肺炎。

怎麼預防寶寶支氣管炎

及時增減衣服，不要受涼或者過熱；注意空氣流通，不去人多密集的場所，不和患者接觸，家人生病後及時隔離或佩戴口罩；遠離吸煙環境，不吸二手煙。

逐漸增加運動量，鍛煉肺活量，耐受冷空氣刺激；一旦有上呼吸道感染症狀時宜及時治療。

患支氣管炎寶寶的餵養

有研究指出，免疫力下降、營養不良、維他命 D 缺乏均可成為支氣管炎的誘因。因此，除了積極治療疾病，還要注意寶寶的營養問題。

進食母乳
可少量、多次進食母乳或配方奶。

食物多樣性
以奶為主，同時可以給予流質或半流質的粥類等。

優質蛋白的攝入
提供充足能量，如瘦肉、魚、蛋、奶等。

補充水分
確保水供給充足。

別吃油膩食物
油膩食物不利於炎症的消除。

別等到口渴時才喝水
應及時補水或喝果汁與湯。

別只吃一類食物
保持均衡飲食。

別一次餵太多
寶寶每次吃得太多不利消化。

如何進行護理

有的媽媽一聽到寶寶咳嗽，馬上變得緊張起來，生怕寶寶咳出大問題。寶寶生病需要綜合照料，俗話說：「三分治療，七分護理」。媽媽應事先學會如何護理寶寶，才不會在寶寶生病時措手不及。

宜

- 及時給寶寶增減衣物
- 多喝溫開水
- 及時補充營養
- 保持空氣溫度和濕度

忌

- 長期待在室內
- 到人多的地方
- 不愛喝水
- 吃刺激性食物

肺炎

肺炎是兒科常見病之一，四季均易發生，3歲以內的嬰幼兒在冬、春季節患肺炎較多。以發燒、咳嗽、氣促、呼吸困難以及肺部固定的濕囉音為共通臨床表現。一旦得了肺炎，需要積極治療。如果肺炎反復發作，或治療不徹底，會嚴重影響寶寶的身體健康，家長需多加注意。

怎麼預防寶寶肺炎

增加戶外活動，以增強寶寶的免疫功能，尤其是呼吸道的抗病能力。此外，家居通風，即使是冬天也要定時換氣，以保持室內空氣新鮮，降低致病微生物的濃度。

防寒保暖，及時增減衣服。合理餵養。避免嗆咳，避免嗆奶；適量多吃富含維他命 A 或 β- 胡蘿蔔素（可轉化成維他命 A）的食物，促進呼吸道黏膜的健康。預防呼吸道傳染性疾病，冬、春季節尤其是流感流行期間避免帶寶寶去人多的公共場所。如果寶寶出現發燒、咳嗽等症狀，應及時就診，密切觀察其病情變化。

如何對患肺炎寶寶進行護理

治療肺炎應採取綜合措施，積極控制炎症，改善肺的通氣功能，防止併發症。肺炎寶寶因較長時間高燒，體力消耗嚴重，故應提供充足能量。

食物豐富
多吃含鐵、鋅豐富的食物，如豬瘦肉、鴨肉等。

水果
多吃水果，如蘋果、梨、橘子等。

補充水分
多喝溫水或者果汁。

蔬菜
多吃綠色蔬菜。

別偏食
營養要全面，不要挑食、偏食。

別封閉空間
多開門窗，保持空氣流通。

別濫吃抗生素
應在醫囑下服用抗生素。

別吃刺激性食物
不要吃油膩、辛辣的食物。

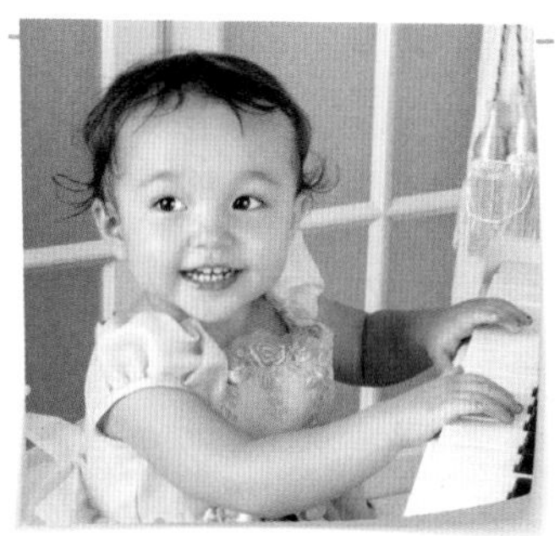

哮喘

哮喘是兒童時期最常見的慢性呼吸道疾病，是氣道的一種慢性炎症性疾病，對過敏原刺激高反應性，對易感者可引起廣泛且不同程度的氣道阻塞症狀。臨床表現為反復發作性喘息、呼吸困難、胸悶、咳嗽，常常在夜間與清晨發作，症狀可自行緩解，有些必須經過治療才能好轉。

小兒哮喘如果不及時治療會給寶寶造成很大的危害，引發一系列的併發症，如下呼吸道感染、多臟器功能衰竭、呼吸驟停、呼吸衰竭和生長發育遲緩等。

預防哮喘　居住環境很重要

哮喘是慢性呼吸道疾病，在很大程度上受環境影響，如空氣污染、環境潮濕等，可能會直接導致寶寶哮喘發作。因此，必須減少室內能產生異體蛋白的來源，減少室內灰塵，減少蟎蟲滋生。

如何護理哮喘寶寶

哮喘寶寶需要媽媽更細心的照顧。哮喘的反復發作會影響寶寶的健康和發育，對寶寶日常生活造成很大的影響，也會一直困擾家長。媽媽要學會在日常生活中為寶寶做好防護，盡可能避免寶寶哮喘發作。

咳嗽變異性哮喘

咳嗽變異性哮喘是指，以慢性咳嗽為主或為唯一臨床表現的一種特殊類型哮喘。咳嗽變異性哮喘的發病原因是錯綜複雜的，如果父母有哮喘，寶寶患病的機率會比正常人高一些。

很多寶寶常常無緣無故咳嗽不止，極易被誤診為支氣管炎，而使用各種消炎藥和止咳藥物，但往往沒有療效。咳嗽持續發生或者反復發作，導致咳嗽遷延不癒，最終引發咳嗽變異性哮喘。

咳嗽變異性哮喘如果得不到及時、有效的診斷和治療，可能會發展為典型哮喘，在寶寶咳嗽的同時還伴隨喘息、胸悶等症狀。寶寶患病時，應正確治療，控制病情。

咳嗽變異性哮喘的臨床表現

超過 1 個月無原因的慢性咳嗽，咳嗽多呈陣發性、刺激性乾咳，或有少量白色泡沫樣痰。寶寶咳嗽嚴重時會噁心或嘔吐。

在劇烈運動、吸入冷空氣或聞到刺激性味道後咳嗽會加重。給寶寶服用多種抗生素卻沒有甚麼療效。

如何對患咳嗽變異性哮喘寶寶進行護理

咳嗽變異性哮喘在兒童中發病率極高，因為咳嗽是變異性哮喘的唯一症狀，以長期乾咳為主，有時很容易被誤診。寶寶患病時，媽媽應做以下護理。

清潔環境
確保生活環境清潔。

補充水分
多喝溫水。

多運動
加強身體鍛煉。

遵照醫囑
根據醫囑按時吃藥。

別飼養寵物
寵物的皮毛是哮喘的過敏原之一。

別不注意清潔
勤洗勤換寶寶的被褥、衣褲。

別吃得太多
否則不易消化，也不利於病情恢復。

別吃刺激性食物
吃刺激性食物會加重寶寶咳嗽。

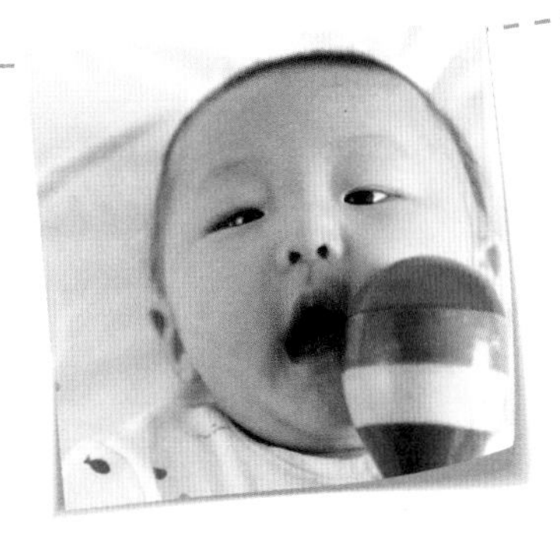

上呼吸道綜合症

上呼吸道綜合症是指由鼻部疾病引起的分泌物，倒流鼻後和咽喉部，甚至反流入聲門或氣管，引發以咳嗽為主要表現的綜合症。除了鼻部疾病外，上氣道綜合症還常與咽、喉、扁桃體的疾病有關，如咽炎等。

上呼吸道綜合症的臨床表現

以咳嗽為主要臨床表現，咳嗽沒有明顯的規律和特徵性，常伴有打噴嚏、鼻癢、鼻分泌物增加和鼻塞等，有咽後黏液附着感，伴或不伴有鼻後滴流感。

鼻炎表現有鼻癢、噴嚏、流涕等；鼻竇炎表現有黏液膿性或膿性涕、面部和頭部疼痛、嗅覺障礙等。

常有咽部不適、異物或燒灼感、疼痛等，以咽喉部發癢最為常見。大多數寶寶治療兩周可產生療效，或者自然痊癒。如果反復發作或者屬過敏體質，又不注重家庭護理，容易發展成慢性炎症。

如何給寶寶進行護理

上呼吸道綜合症是指引起咳嗽的各種鼻咽喉疾病的總稱，是導致慢性咳嗽的重要原因之一。導致兒童上呼吸道綜合症最常見的鼻部疾病是慢性鼻炎、鼻竇炎及過敏性鼻炎。

宜

- 及時清理身體的分泌物，如耳垢、脱落的毛髮等
- 多喝溫開水
- 保持空氣流通

忌

- 去人多的地方
- 接觸粉塵等過敏原
- 缺少運動
- 不愛喝水
- 吃刺激性、乾燥食物

病毒
母乳餵養
喝水
水果
感冒
別偏食
優質蛋白
過敏食物
開窗
運動
輔食充足
維他命

第3章
寶寶感冒怎麼辦

感冒又稱上呼吸道感染，90%以上是由病毒所致，是寶寶常見的疾病之一，主要侵犯鼻、咽喉、扁桃體。每年冬季，預防寶寶感冒是媽媽要做的必修課。本章不僅幫助媽媽瞭解寶寶感冒的原因，還提供一些寶寶感冒時必要的護理方法。

關於感冒 媽媽需要知道的

上呼吸道感染俗稱「感冒」

上呼吸道感染俗稱「感冒」，是小兒常見的疾病，主要侵犯鼻、咽喉、扁桃體。各種細菌、病毒均可引起感冒，其中尤其以病毒感染較多，約佔 90% 以上。病毒感染後也可繼發細菌感染。

區別普通感冒和流行性感冒

普通感冒：一般起病較緩，發燒不會超過 39℃，常呈散發性，一年四季都有可能發生。病情較輕，症狀不重，多無傳染性。上呼吸道感染症狀，如咳嗽、咽痛等比較明顯，頭痛、全身痠痛、畏寒、發燒等較輕。一般經 5~7 天可痊癒。

流行性感冒：起病比較急，體溫常超過 39℃，有明顯的傳染性及流行性，多發於冬季，以經常形成區域性流行為主要特徵。上呼吸道症狀較輕，伴有高燒惡寒，無汗，或汗出仍高燒不退，目赤、咽紅，或見扁桃體腫大、頭痛、全身肌肉疼痛、嗜睡、精神萎靡，或噁心嘔吐等症狀。有的寶寶還伴有腹痛、腹脹、腹瀉、嘔吐等消化系統症狀，甚至發生驚厥。

寶寶感冒可以撐多久

這個需要分情況。一般感冒都有過程，出現發燒、流涕、咳嗽等，如果為普通病毒感染，中毒症狀輕，寶寶精神好，能吃能玩，即使有些症狀，也可以在家觀察，進行護理。但如果寶寶年齡小於 3 個月，精神不振，吃得少，不愛玩，不如以前靈活，或面色蒼白，還是建議去醫院就診，以免貽誤治療時機。

在治療寶寶感冒時，首先要區分風寒和風熱，家長可以根據寶寶的咽部紅與不紅來做初步判斷。咽部不紅的多是風寒感冒；咽部紅或腫痛的多是風熱感冒，臨床上以熱證偏多。

風寒感冒表現為：發燒，明顯怕冷，寶寶喜歡靠在媽媽懷裏，無汗，可伴有鼻流清涕、噴嚏、咽不紅、舌苔薄白的症狀。

風熱感冒表現為：發燒較重，無明顯怕冷，有汗出，伴鼻塞、流黃濁涕、咽紅或痛、舌苔薄黃的症狀。

感冒類型及簡單護理

普通感冒一般 3~4 天就會緩解，若寶寶的發燒持續不退或病情加重，可能炎症已經涉及其他部位，應及時送寶寶去醫院治療。下面介紹各感冒類型與注意事項。

風寒型感冒

除有鼻塞、頭痛的症狀外，還伴有惡寒等。

風熱型感冒

除有感冒的症狀外，還伴有發燒、喉嚨疼、便秘等。

暑濕型感冒

有惡寒、發燒、腹瀉與口淡無味、倦怠等症狀。

流行感冒

多與氣溫驟變有關，有較重的畏寒、發燒等症狀。

別不愛喝水

常喝溫開水能幫助排出有害物質。

別整天休息

常走動一下，改善血液循環，提高免疫力。

別亂服感冒藥

應在醫生指導下用藥。

別吸煙

家長抽煙對寶寶的危害大。

預防感冒的方法

寶寶呼吸系統的發育不像成人那麼完善，呼吸道的免疫功能也比較差。從寶寶的鼻子開始說，他們的鼻腔比較短，鼻毛比較少，黏膜柔嫩，這樣的生理結構導致他們對一些有害物質的過濾不像成人那麼好，因此更容易發生呼吸系統的疾病。

宜

- 定時開窗通風
- 及時清洗鼻腔
- 外出歸來後換衣服
- 接觸寶寶前做好清潔

忌

- 帶寶寶到人多的地方
- 環境閉塞
- 缺乏鍛煉

不同年齡階段寶寶感冒的護理

感冒是一種常見的呼吸道疾病，多由病毒引起。起病急，有咽乾、喉癢、鼻塞等症狀。

風寒感冒

風寒型感冒是寶寶受風寒而發生的感冒。寶寶發燒、明顯怕冷，喜歡靠在媽媽懷裏，無汗，伴有頭身疼痛、鼻流清涕、噴嚏、咽喉不紅、舌苔薄白的症狀。治療風寒感冒的關鍵是疏散風寒。可採用熱水泡腳、喝薑糖水等方法。

風熱感冒

寶寶患風熱感冒時一般發燒較重，無明顯怕冷，有汗出，伴鼻塞，流黃濁涕，咽喉紅或痛，舌苔薄黃。風熱感冒用藥需更為謹慎，有專門為寶寶設計的小兒感冒顆粒，對於風熱感冒引起的發燒、咳嗽等有較好的療效，病情嚴重的寶寶需要在專業醫生的指導下用藥。

0~3個月

確保充足良好的休息，儘量讓寶寶多睡一會兒，適當減少戶外活動。

4~12個月

用乾淨的紗布沾上溫開水、擰乾，放在寶寶的鼻根處熱敷，需控制溫度，勿燙傷寶寶。

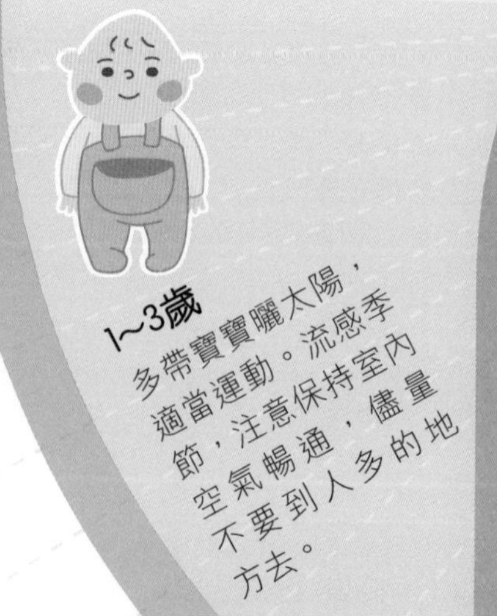

1~3歲

多帶寶寶曬太陽，適當運動。流感季節，注意保持室內空氣暢通，儘量不要到人多的地方去。

護理方法

大部分感冒持續1周可好轉，只有小部分的寶寶要持續2周，對不同年齡階段寶寶感冒的護理方法大致相同。

寶寶1歲8個月，因為受涼感冒，症狀是鼻塞、流清鼻涕、打噴嚏，可是我不想給寶寶吃藥，怎麼辦？

如果症狀輕可以不用吃藥，注意餵養，多飲溫開水。症狀重則需遵照醫囑服藥。

認識謬誤

寶寶感冒時媽媽總是憑直覺給寶寶做一些護理，殊不知有些做法是錯誤的。

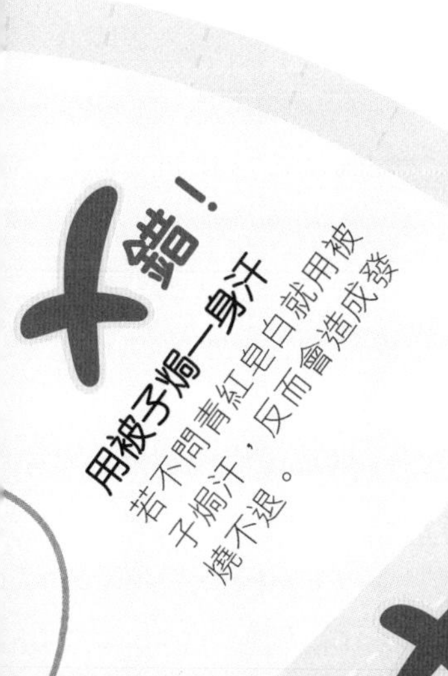

錯！

用被子焗一身汗

若不問青紅皂白就用被子焗汗，反而會造成發燒不退。

錯！

打針或靜脈注射寶寶會好得更快

「能吃藥就不打針，能打針就不靜脈注射」是世界衛生組織規定的用藥原則。

錯！

日常要多食保健品

寶寶要增強自身免疫力，但不要依靠藥物或保健品。

媽媽你要知

1. 要保持室內空氣濕潤，能幫助寶寶更順暢地呼吸。
2. 寶寶還太小，不會自己擤鼻涕，讓寶寶順暢呼吸的最好辦法就是幫寶寶清理鼻腔。
3. 寶寶睡覺時，可以墊上毯子，使寶寶頭部稍稍抬高，能緩解鼻塞。

寶寶一感冒就要吃藥嗎

護理得當可以安全度過

普通感冒本身有其自然發展、痊癒的過程，病程有的 5~7 天，有的要 7~10 天，家長期間要多加觀察，護理得當，寶寶是可以安全度過的。若出現驚厥、抽搐、昏迷等狀況的預兆，就需要馬上就醫。

寶寶感冒一般多久才能好

普通感冒一般 3~4 天就會有所緩解，如果寶寶的發燒持續不退或病情加重，父母應考慮炎症已經涉及其他部位，需要及時送寶寶去醫院做進一步治療。及早治療可縮短感冒的病程，緩解症狀，也可預防疾病進一步惡化。在診斷感冒時，要與某些急性傳染病的早期症狀及流感做辨別，以免誤診失治。

感冒總不好　增強體質是關鍵

很多人認為感冒應儘量少吃食物，更不能吃葷。其實這種做法並不恰當，寶寶此時需要適當的高燒量食物。寶寶因有較長時間高燒，體力消耗大，故應提供充足能量，尤其注意攝入優質蛋白，如雞肉、豬肉、魚、蝦、蛋、奶，只要不過敏，就能進食，但注意勿過量。0~1 歲嬰兒，應給予充足的母乳或配方奶；已經添加輔食的寶寶，還需要攝入足夠的輔食。

多供給新鮮蔬菜或水果

6 個月以上的寶寶，可繼續進食新鮮蔬菜或水果，以補充維他命和礦物質。蔬菜以深色為佳，如菠菜、番茄等。可給予含鐵豐富的食物，如豬肉、鴨肉、雞肉等，要結合寶寶的食慾和胃口；還要注意攝入充足的奶類。具體實行需要結合寶寶的月齡，以有利於寶寶消化吸收為宜。

水果的選擇也應有多樣性，不必以梨為寵。常見的水果如蘋果、橘子等都是可以的。寶寶感冒期間，建議將溫度偏低的水果適當加熱食用。

寶寶感冒期間飲食宜忌

寶寶感冒期間因體力消耗較大，飲食更應該注意。

攝入優質蛋白
如雞肉、豬肉、魚、蝦、蛋、奶等。

母乳餵養
0~1歲嬰兒，應餵哺充足的母乳或配方奶。

輔食充足
需要添加足夠的輔食。

補充維他命
6個月以上的寶寶可進食新鮮蔬菜或水果。

別生吃溫度低的水果
應將水果適當加熱。

別單吃某一類食物
應保持食物多樣性。

別一次吃得太飽
應少食多餐。

別吃過敏食物
給寶寶添加輔食前應注意是否過敏。

如何預防寶寶感冒

患上感冒的寶寶應注意攝入優質的蛋白質。若寶寶年齡太小，應確保充足的母乳，已經添加輔食的大寶寶還需要攝入足夠的輔食。

宜

- 多吃蛋、奶等食物
- 多吃新鮮果蔬
- 經常參加體育鍛煉
- 確保充足的睡眠

忌

- 室內空氣不流通
- 頻繁去公共場所
- 接觸攜帶病原體的寶寶
- 缺乏鍛煉

為甚麼寶寶總反復感冒

反復感冒的寶寶一般體質差

寶寶因為免疫系統發育不完善，所以常患感冒，2 歲以內的寶寶一年可能有 5~6 次以上的感冒。幼兒園寶寶多，可能交叉感染，所以感冒會更常見。

反復感冒的原因

反復感冒的寶寶一般體質相對比較差，有些寶寶還會出現營養不良、佝僂病等症狀。先天不足、母乳不足、偏食或者營養攝入不均衡等，都會影響寶寶的正常發育，造成反復感冒。

在臨床上，我們經常見到反復感冒的寶寶，稱為「反復呼吸道感染」。他們的體質往往比健康的寶寶虛弱很多，具體的表現就是出汗多、吃飯不香、身材瘦弱、肌肉鬆軟、面色萎黃或蒼白、經常腹瀉等。

寶寶體質虛弱的原因有很多種，比如早產、過早斷奶、營養不良、脾胃運化能力比較弱、戶外活動比較少、曬太陽的時間比正常的寶寶少，或者長期服用某些藥物損傷了正氣等。

感冒過後，寶寶的身體經過了與病邪的交戰，能量消耗大，也會損傷正氣，尤其是肺脾之氣。很多家長忽視了感冒過後的階段，沒有及時給寶寶繼續調理以增強體質。現代研究表明，脾虛寶寶的細胞免疫和體液免疫功能均比健康寶寶差。肺脾之氣不足，抵抗力自然就弱，這樣就給感冒提供「溫床」，所以在環境溫度變化的時候，容易再次患上感冒。

中醫認為，反復感冒的調養要從肺脾兩髒着手，通過補肺健脾益氣的方法，達到增強食慾、促進吸收、扶正固本、增強抵抗力、旨在減少感冒發生。

為甚麼寶寶容易患呼吸系統疾病

寶寶比成人更容易患呼吸系統疾病，不僅是因為寶寶發育系統不完全，也有生活環境的原因。

免疫功能
呼吸系統發育不完善，呼吸道的免疫功能也比較差。

鼻腔
鼻腔比較短，鼻毛比較少，黏膜柔嫩，對有害物質的過濾性差。

氣管
咽部、喉部、氣管和支氣管相對較細小，血管網較豐富。

自理能力
缺乏自理能力，高溫耐受差。

別偏食
營養攝入不均衡會影響寶寶的正常發育。

別去公共場所
人多的地方空氣不流通，細菌繁多，易刺激寶寶呼吸系統。

別不開門窗
定時開門窗有利空氣流通。

別懶做運動
多鍛煉有利寶寶增強身體抵抗力。

防治感冒的謬誤

小兒臟腑嬌嫩，肺常不足，口鼻通於肺，加上免疫力較弱，氣候變化時，肺部很容易被感染，從而導致呼吸系統疾病。預防感冒，需要幫助寶寶養成良好的生活習慣，保證良好的飲食習慣和充足的睡眠，還要加強體育鍛煉，提高免疫力。

宜

- 養成多喝水的習慣
- 用正確的方式清洗寶寶鼻腔
- 感冒病毒流行季節出門戴口罩
- 注射流感疫苗

忌

- 感冒忌食蛋白質
- 怕受涼加厚衣服焗汗
- 多用藥
- 注射疫苗後不護理

感冒

給寶寶的餐單

寶寶感冒期間，同樣需要攝入足夠的營養，才能有利於身體的恢復。雞蛋和肉類營養豐富，含有較多的優質蛋白、鐵、鋅、維他命和礦物質。只要寶寶對雞蛋和肉類不過敏，感冒時也可攝入。考慮到感冒期間寶寶胃腸道消化能力可能會減弱，烹煮的蛋類和肉類需要容易被消化吸收。

肉碎蒸蛋

材料：豬瘦肉 30 克，雞蛋 1 個，鹽適量。

製法

1. 豬瘦肉洗淨，剁成碎或直接選用肉餡，先炒熟備用；將雞蛋打入碗內攪散，放入適量鹽和清水攪勻。
2. 把備用的肉碎放入攪拌好的雞蛋液中。
3. 將碗放入鍋中蒸熟即可。

營養評價：豬瘦肉富含優質蛋白、血紅素鐵等；雞蛋富含優質蛋白、多種維他命和礦物質，能為身體產生免疫力對抗疾病提供營養基礎。

葱白麥芽奶

材料：葱白6段，麥芽20克，熟牛奶120毫升。

製法

1. 將葱白切開，與麥芽一起放人鍋中，加水煎煮至熟。
2. 去渣取汁，加入熟牛奶服用即可。

營養評價：解表和胃，適用於小兒風寒感冒。

薄荷牛蒡粥

原料：牛蒡 10 克，粳米 120 克，薄荷適量。

製法

1. 將牛蒡入鍋煮 15 分鐘後取出，留藥汁。
2. 將粳米入另一鍋，加水煮沸。
3. 粥鍋內放入薄荷，待粥將熟時倒入牛蒡藥汁，再煮 5 分鐘即可。

營養評價：祛風清熱。適用於小兒風熱感冒。

西瓜桃子蓉

材料：西瓜瓤 100 克，桃子半個。

製法

1. 將桃子去皮，洗淨，去核，切成小塊；西瓜瓤切成小塊，去籽。
2. 將桃子塊和西瓜塊放入攪拌機打碎即可。

營養評價：比起果汁，將水果打碎做成蓉，更有營養，更健康。適合患感冒的寶寶食用。

蘋果橘子米粥

材料：粳米 50 克，橘子、蘋果各半個。

製法

1. 將粳米淘洗乾淨；蘋果洗淨，削皮、切成塊；橘子去皮、掰成瓣，切成小塊。
2. 將粳米和蘋果塊、橘子塊一同放入鍋中，加適量水，煮至成粥即可。

營養評價：橘子含有豐富的維他命C，可增強身體免疫力；蘋果含有較多的促進生長發育的關鍵元素。寶寶常吃，可提高免疫力。

粳米蛋黃粥

材料：粳米 100 克，雞蛋黃 1 個。

適宜症狀
感冒
消瘦

製法

1. 粳米洗淨後備用。
2. 將粳米放入鍋中，加適量水，大火煮沸，轉小火煮 20 分鐘。
3. 待煮熟快起鍋前，將雞蛋磕破，取出蛋黃打散，倒入粥中攪勻即可。

營養評價：蛋黃營養豐富，含有豐富的卵磷脂，有益於寶寶的身體發育。

青瓜肉碎木耳粥

材料：青瓜半根，豬瘦肉 30 克，木耳 50 克，粳米 100 克。

適宜症狀
感冒
咽喉腫痛

製法

1. 青瓜、木耳和豬瘦肉都洗淨，分別放入攪拌機攪成碎，備用。
2. 粳米洗淨，放入鍋中，加適量水，煮粥。
3. 粥快熟時，加入青瓜碎、豬瘦肉碎和木耳碎。也可以將青瓜碎、豬瘦肉碎、木耳碎炒一下再與粥混合即可。

營養評價：青瓜具清熱解毒的功效，可以增強寶寶的體質。

青口瘦肉粥

材料：粳米 100 克，豬瘦肉 30 克，青口 50 克，元貝、鹽各適量。

適宜症狀
感冒

製法

1. 青口、元貝浸泡 12 小時；豬瘦肉切碎；粳米淘洗乾淨。
2. 鍋置火上，加適量水煮沸，放入粳米、青口、元貝、豬瘦肉碎同煮，煮至粥熟後加鹽調味即可。

營養評價：青口被稱為「海中雞蛋」，含有豐富的蛋白質、鈣、磷、鐵、鋅、維他命等營養元素，適於患感冒的寶寶食用。

葱白生薑粥

材料：葱白 2 段，生薑 5 片，糯米 30 克。

製法

1. 將葱白切片、糯米洗淨，備用。
2. 將生薑片搗碎，與備用材料一起加水熬煮成粥，趁熱服用即可。

營養評價：本方具有發散風寒的功效，適用於患風寒感冒的寶寶。

生薑紅糖茶

材料：生薑2片，紅糖10克，葱（連頭鬚）1根。

適宜症狀
感冒
咳嗽

製法

1. 將葱洗淨，切碎。
2. 生薑片、紅糖放入鍋中，加適量水，小火煎煮 5 分鐘。
3. 加入葱碎，再煎煮 5 分鐘。濾渣趁溫熱飲用即可。

營養評價：本方辛溫解表，止咳化痰，適用於患風寒感冒或伴咳嗽的寶寶。

薺菜粥

材料：粳米100克，薺菜50克。

適宜症狀
感冒
便秘

製法

1. 將薺菜洗淨，切段；粳米淘淨，備用。
2. 將備用材料一起放入鍋中，加適量水，煲粥即可。

營養評價：本方清熱，可去胃腸積滯、利尿，適用於患風熱感冒的寶寶。

與感冒相關的5種常見病

病情嚴重會引起併發症

普通的感冒一般 3~4 天就會有所緩解，如果寶寶的體溫一直持續高燒不退或病情更加嚴重，可能會波及身體的其他部位，造成身體組織的協調能力失常，會引起與感冒相關的其他病症。

流行性感冒

流行性感冒是由流感病毒引起的急性呼吸道傳染病，也是一種傳染性強、傳播速度快的疾病。

如何對患流行性感冒的寶寶進行護理

一些身體較為虛弱、免疫力低下的寶寶易患流行性感冒，可以通過注射流感疫苗來獲得更好的保護效果。媽媽也可以從身邊小事做起，對寶寶進行護理。

空氣流通
定期開窗通風，保持室內空氣流通。

衣物清潔
勤換洗衣物。

戴口罩
流感高發期出門戴口罩。

鍛煉
加強鍛煉，增強身體抵抗力。

別去公眾場所
流感季節人多的地方易被感染。

別穿得太多
不能把寶寶穿得太多太厚，不利散熱。

別偏食
均衡營養，有利於增強體質。

別影響寶寶睡覺
缺乏睡眠是導致疾病的根源之一。

病毒性心肌炎

病毒性心肌炎是指，由病毒感染引起的心肌局限性或彌漫性的急性或慢性炎症病變，屬感染性心肌疾病。病毒性心肌炎是小兒易患的臨床常見病、多發病。

能影響人體免疫力、反應的內在和外界因素很多，如細菌感染、營養不良、劇烈運動、過度勞累、藥物作用，尤其是激素、抗生素等的長期使用。這些不利的影響因素，會使人體的抵抗力下降，病毒能輕易入侵人體，直接侵襲心肌或通過自身免疫反應損害心肌，導致病毒性心肌炎。

如果寶寶自身的抵抗能力強，入侵的病毒少，能有效抵抗病毒的侵害，就不會發生此病。很多寶寶患病後沒有得到及時、正確的治療以及合理護理，造成病毒性心肌炎後遺症。由於本病為病毒性疾病，目前沒有特效療法。

病毒性心肌炎的臨床表現

在病毒流行感染期，約有 5% 的患者發生心肌炎。心律失常是病毒性心肌炎最常見的首發症狀，各種心律失常都可以出現，嚴重的心律失常是造成猝死的主要原因。重症患者可出現急性心力衰竭，甚至出現心源性休克。

臨床表現輕重不同，一般發病前 1~3 周內有上呼吸道感染、腹瀉、嘔吐、腹痛、發燒等前驅症狀。隨後出現發燒、全身痠痛、乏力、心悸、胸悶、胸痛、呼吸困難等症狀。應及時去醫院進行專業治療。

如何給寶寶進行護理

媽媽不需心急，根據寶寶的精神狀態以及身體狀況的發展，在醫生的指導下進行專業正規治療，並在日常生活中對寶寶作積極的引導，保持良好的飲食與睡眠習慣。

小兒風濕熱

小兒風濕熱是常見且危害學齡期兒童健康的主要疾病之一，是後天患上心臟病的主要病因之一，是一種繼發與咽喉部A族乙型溶血性鏈球菌感染的全身性結締組織炎症。還可累及腦、皮膚、漿膜、血管等部分，以心臟損害最為常見，風濕熱反復發作可使2/3的寶寶遺留慢性心臟瓣膜病，且容易復發。

小兒風濕熱的臨床表現

半數以上患小兒風濕熱的寶寶在患病前有 1~5 周的咽炎、扁桃體炎或猩紅熱感染病史。症狀輕重不一，可有發燒。3 歲以下少見，多發於 5~15 歲的寶寶，多發於春冬兩季，沒有明顯的性別差異。

一般症狀的寶寶精神不振、疲倦、食慾減退、面色蒼白、多汗。典型的風濕熱可有心臟炎、關節炎、皮膚環型紅斑或皮下結節等，有時可伴有腹痛。

病毒性咽炎

病毒性咽炎是由病毒所引起的咽部急性感染。感染流感病毒和腺病毒時，身體發燒無力，咽部明顯充血和水腫，頜下淋巴結腫大且觸痛，腺病毒咽炎可伴有眼結膜炎。

如何對患小兒風濕熱的寶寶進行護理

小兒風濕熱是兒科常見的疾病，是全身性結締組織的非化膿性炎症，為了預防復發，媽媽在平時可以做一些有效護理。

積極治療
及時關注寶寶病情，積極治療。

消除感染病灶
原發病要治療徹底。

清潔
保持衛生清潔，防止細菌感染。

膳食
均衡膳食，營養健全。

別吃刺激性食物
飲食宜清淡。

別不休息
充足的睡眠有助於恢復，減輕心臟損傷。

別隨意使用藥物
濫用藥物會損害寶寶健康。

別去公共場所
人多的地方容易造成細菌感染。

病毒性咽炎的臨床表現

病毒性咽炎分為急性與慢性。急性病毒性咽炎起病急，在口腔黏膜、扁桃體和口角等部位出現皰疹，破裂會形成潰瘍，或伴有發燒、咽部灼熱疼痛等症狀。一般寶寶會拒絕飲食，哭鬧不安，頜下淋巴結會出現腫大現象。患慢性病毒性咽炎，咽部和口腔黏膜會出現皰疹，破裂後會覆有一層灰白色膜狀物質，反復發作，持續時間長。需及時治療。

病毒性喉炎

病毒性喉炎是由病毒引起的一種急性呼吸道傳染病，多為流感病毒、副流感病毒及腺病毒等引起。

病毒性喉炎的臨床表現

早期的病毒性喉炎表現為聲嘶、講話困難、咳嗽時疼痛，伴有發燒、咽炎或咳嗽的症狀。病毒性喉炎經久不癒會喉部水腫、充血，局部淋巴結輕度腫大和觸痛，可以聽見寶寶的喘息聲。

如何給寶寶進行護理

媽媽應該及時觀察寶寶的身體狀況和日常精神狀態，在寶寶症狀沒有緩解時，應儘快帶寶寶送到醫院進行專業治療。專業治療很重要，在日常生活中也應該對寶寶加強護理，起到防微杜漸的作用。

宜

- 多喝溫水及適量新鮮的果汁
- 多吃水果和蔬菜
- 定期開窗通風，減少空氣中的塵埃
- 加強身體鍛煉

忌

- 長時間待在家不活動
- 常去人多密集場所
- 不時常清洗衣物
- 吃刺激性食物

別吃
粗糧
保暖
水果
脫水
別吃
海鮮
腹瀉
神志
恍惚
糞便
多泡沫
電解質
紊亂
食物
輔食
充足
抗生素

第4章
寶寶腹瀉怎麼辦

有的媽媽一看到寶寶大便變稀就馬上緊張起來，認為寶寶腹瀉了，甚至自作主張給寶寶服用抗生素。其實，這裏有很多謬誤。家長對小兒腹瀉真正瞭解嗎？小兒腹瀉到底該如何護理呢？

關於腹瀉 媽媽需要知道的

頻繁排泄稀水樣大便

寶寶腹瀉，如瀉下急迫不爽、糞便黃褐而臭、或伴少量黏液、肛門紅赤，多為濕熱；大便清稀如水、夾有泡沫、臭氣不着、腸鳴腹痛，多為風寒；腹痛即瀉、瀉後痛減、糞便酸臭，多為傷食；大便時瀉時止、糞質稀糊、色淡不臭、夾有不消化食物殘渣，多為脾虛；食入即瀉、大便清稀、完穀不化，多為脾腎陽虛。

甚麼情況下叫腹瀉

腹瀉是以頻繁排泄稀水樣大便為特徵的一種症狀。

腹瀉是寶寶常見的疾病之一，可由多種病因引起，臨床上以大便次數增多、大便質地稀薄或如水樣為特徵。寶寶腹瀉多見於2歲以下的嬰幼兒，而且年齡越小，發病率越高。發病時間雖無明顯季節性，但以夏季和秋季最為多見。寶寶在不同季節發生腹瀉，症候表現也會有所不同。

嬰幼兒很容易發生腹瀉。輕者治療得當，預後良好；重者起病急驟，瀉下過度，則易致氣陰兩傷；久瀉遷延不癒者，則易轉為營養不良。

腹瀉期間需要加強營養

腹瀉期間，合理的營養支持有利於身體恢復，不可輕易禁食。腹瀉停止後繼續給予營養豐富的飲食，必要時每天加餐 1 次，持續 2 周。營養不良寶寶的慢性腹瀉恢復期需時更長，直至營養不良糾正為止。

如腹瀉明顯加重，又引起較重脱水或腹脹的話，則應立即減少或暫停飲食。對於病情嚴重不能進食的寶寶，需要在醫生或臨床營養師綜合評估後，考慮是否需要使用腸內營養製劑或進行腸外營養。

需要就醫的情況及飲食禁忌

如果寶寶剛出現腹瀉，精神狀態還不錯，能吃能玩，父母可以先去醫院諮詢一下。如果寶寶還伴有其他症狀，要抓緊時間帶寶寶就醫。

神志恍惚
腹瀉時精神欠佳，神志淡漠。

脫水
腹瀉次數多，伴有無淚少尿、皮膚彈性差。

電解質紊亂
腹瀉較重，伴有驚厥甚至昏迷。

嗜睡
疲憊，不易醒。

別吃海鮮
屬過敏類食物，易使腹瀉加重。

別吃刺激性食物
油膩、辛辣的食物會使腹瀉症狀反復發作。

別吃太多纖維
不利於寶寶消化。

別吃粗糧
粗糧不易消化，易加重寶寶腸胃負擔。

預防腹瀉的方法

首先，給寶寶安全衛生的食物和水對預防腹瀉非常關鍵；其次要勤洗手。同時環境衛生也不可忽視，寶寶接觸的物品及玩具都應保持清潔。不是要求讓寶寶生活在無菌環境，但要儘量避免接觸致病菌。

宜

- 增強寶寶體質
- 養成良好的飲食習慣
- 少食多餐
- 注意寶寶的腹部保暖

忌

- 禁水
- 吃刺激性食物
- 嘔吐後立即進食

不同年齡階段寶寶腹瀉的護理

引起腹瀉的原因主要是感染。引起急性腹瀉的原因主要是細菌或病毒感染，還有食物中毒或着涼等。

輪狀病毒性腹瀉

輪狀病毒主要侵犯嬰幼兒，寶寶在初期出現輕度上呼吸道感染症狀，會引起嘔吐和急性腹瀉，常常會導致脫水。這種病毒在顯微鏡下貌似車輪，所以稱為「輪狀病毒」。多見於 6 歲以下寶寶，1 歲以下嬰兒則為高危人群。年齡越小，症狀越重。

乳糖不耐受症

乳糖是一種雙糖，其分子由葡萄糖和半乳糖組成。乳糖在人體中不能直接被吸收，需要在乳糖酶的作用下分解後才能被吸收。缺少乳糖分解酶的人在攝入乳糖後，未被消化的乳糖直接進入大腸，刺激大腸蠕動加快，造成腹鳴、腹瀉等症狀，為乳糖不耐受症。

0~3個月

3個月以下寶寶的餵養應定時定量，注意衛生，防止細菌感染。

4~12個月

要調整好寶寶的飲食結構，以減輕胃腸道的負擔。養成良好的飲食衛生習慣。

1~3歲

少帶寶寶到人多的地方，注意保暖，少食零食、規律進食。

護理方法

由不同原因引起的寶寶腹瀉，還需對症而治。

認識謬誤

有些媽媽在如何護理患腹瀉寶寶的問題上存在很大的謬誤，不能全憑直覺對寶寶進行護理。

錯！

有腹瀉就用止瀉藥

止瀉藥服用不當，反而會延誤病情，甚至可以導致嚴重的併發症。

錯！

腹瀉就是炎症，該吃消炎藥

使用抗生素有嚴格的規定，切勿隨意吃，有些腹瀉不需要服用抗生素。

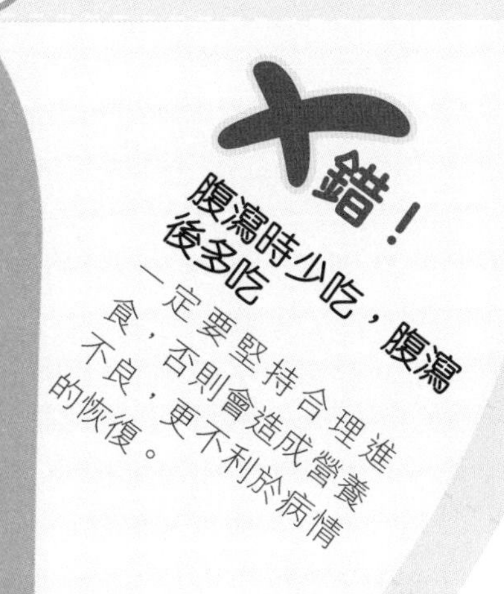

錯！

腹瀉時少吃，腹瀉後多吃

一定要堅持合理進食，否則會造成營養不良，更不利於病情的恢復。

寶寶腹瀉 4 天，大便化驗結果正常，我嘗試停母乳和配方奶，寶寶不配合，該怎麼做？

一般情況下，腹瀉也要繼續進食，所以應繼續母乳餵養。如果寶寶乳糖不耐受，繼續母乳餵養並給寶寶補充乳糖酶；需要母乳加上部分去乳糖類奶粉餵養。

媽媽你要知

1. 寶寶有腹瀉的症狀，但腹瀉次數每天不超過4次，家長可以先居家護理，必要時才就醫。
2. 寶寶出現腹瀉，伴嘔吐、尿量少、精神萎靡，同時出現哭時無淚，眼窩凹陷，皮膚彈性變差等症狀，要及時送寶寶到醫院就診。

寶寶又屙又嘔怎麼辦

飲食不健康易致又拉又吐

寶寶又屙又嘔可能是飲食不衞生，或者是進食了變質有毒的食物，一般情況下稱為食物中毒。還有可能是服用了刺激性藥物，刺激了胃黏膜，或受冷空氣的影響，也容易使寶寶又屙又嘔。

寶寶脱水的臨床表現

寶寶急性腹瀉時，父母應注意寶寶是否脱水，以及是否有電解質紊亂等情況。父母可觀察寶寶囟門是否凹陷，如小兒囟門已經閉合，可進一步觀察寶寶在啼哭時有沒有淚水，口唇是否已經乾裂，也可觀察寶寶的皮膚彈性是否變差，同時觀察寶寶的小便是否變少了，甚至是否很長一段時間內都沒有小便。如果出現類似以上脱水或者寶寶神志不好的症狀時，請立即帶寶寶到醫院診治。

比較胖的寶寶有時脱水很嚴重，但是症狀往往不怎麼明顯，而比較消瘦的寶寶脱水症狀卻很快表現出來，且比較明顯。通過寶寶的外貌不一定能看出真正的脱水程度，需要觀察尿液的減少情況。

輕度脱水的寶寶失水量約為體重的5%，表現為神經稍差、皮膚稍乾、煩躁不安等症狀；中度脱水的失水量佔體重的5%~10%，表現為皮膚乾燥、煩躁、精神萎靡、眼窩凹陷等症狀；重度脱水失水量約佔體重的10%以上，寶寶呈昏睡狀態、尿極少或無尿、皮膚發涼。

腹瀉不可濫用抗生素

腹瀉的寶寶不能亂用抗生素，除非是便檢中膿細胞明顯增多，或者血常規檢查中白血球數量明顯升高時才可以用。如果沒有上述兩種檢查情況而濫用抗生素，就可能殺死腸道的正常細菌，導致腸道菌群失調，可出現越吃抗生素腹瀉越厲害的情況。即使在確診需要使用抗生素的情況下，也要正確使用。

觀察便便　寶寶為何腹瀉

觀察大便的外觀和性質等，有助於對腹瀉病因進行判斷。

大便有腐臭味
表示蛋白質消化不良。

多泡沫
表示碳水化合物消化不良。

外觀油膩
表示脂肪消化不良。

血便而糞質極少
伴有陣發性腹痛，大多為腸套疊。

別濫用抗生素
有些腹瀉根本不必服用抗生素。

別濫吃食物
不乾淨的食物會引發腸炎。

別一腹瀉就去醫院
若寶寶精神狀態佳，不必着急去醫院。

別不注意保暖
換季時應根據溫度添加衣物。

寶寶脫水應採取的措施

寶寶上吐下瀉時，失去的不僅是水，還有一些電解質，如鈉、鉀、氯、鈣、鎂等。正常情況下，寶寶體內的這些物質都有一定的比例關係。媽媽宜根據寶寶的脫水程度，給寶寶補充水分和電解質。

宜

- 遵照醫囑口服補液鹽
- 腹瀉時合理進食
- 米湯中適量加食鹽
- 嘔吐時暫禁食

忌

- 只喝白開水
- 吃刺激性食物
- 腹瀉全程禁食水

腹瀉

給寶寶的餐單

6 個月以上的寶寶，除了選食無乳糖奶粉之外，根據病情，可嘗試進食麵條或稀飯，也可以進食馬鈴薯等薯類食物以及去皮的生瓜、煮熟的蘋果等以補充鉀。這些食物要煮爛或切碎，便於消化吸收。鼓勵寶寶多進食，每天加餐 1 次，直至腹瀉停止後 2 周。

粳米小米糊

材料：粳米 30 克，小米 20 克。

製法

1. 粳米洗淨；小米洗淨。
2. 將粳米和小米放入豆漿機中，加入適量清水，按米糊鍵，製作完成即可。

營養評價：粳米小米糊含有豐富的碳水化合物，膳食纖維少，比單一的粳米糊更有營養，且容易消化吸收，能夠快速補充能量，恢復體力。

紅蘿蔔泥

材料：紅蘿蔔 100 克。

適宜症狀
腹瀉
厭食

製法

1. 紅蘿蔔洗淨，去皮，切成小塊。
2. 放入蒸鍋，大火 20 分鐘蒸熟，加適量溫開水攪拌成泥即可。

營養評價：紅蘿蔔富含胡蘿蔔素、維他命 B_1、維他命 B_2、鈣、鐵等營養成分，素有「小人參」之稱。特別是紅蘿蔔中含果膠，能緩解輕度腹瀉。

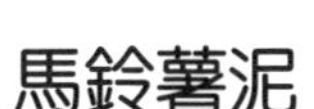

馬鈴薯泥

原料：馬鈴薯 100 克。

製法

1. 馬鈴薯去皮，洗淨，切粒。
2. 將馬鈴薯煮熟，放入料理機，加入少許溫開水，攪成泥即可。

營養評價：馬鈴薯含有豐富的澱粉、鉀等，容易消化吸收，適合於腹瀉寶寶。

燉蘋果泥

材料：蘋果 1 個。

製法

1. 將蘋果洗淨去皮、核，切成薄片。
2. 將蘋果片放在碗裏，隔水蒸 30 分鐘，待軟爛，壓碎即可。

營養評價：蘋果能和胃生津，澀腸止瀉，可以給腹瀉的寶寶少量多次食用。

薏米山藥粥

材料：粳米 50 克，山藥 60 克，薏米 30 克。

製法

1. 薏米、粳米洗淨；山藥去皮切塊。
2. 薏米、山藥塊、粳米同煮成粥即可。

營養評價：山藥和薏米都有調理脾胃的功效，適用於由脾虛引起的腹瀉。

紅蘿蔔粥

材料：紅蘿蔔 50 克，粳米 30 克，粟米粒適量。

適宜症狀
腹瀉

製法

1. 紅蘿蔔洗淨、切粒，粳米、粟米粒洗淨，備用。
2. 將備用材料放入鍋中，加適量水，一起煮成粥即可。建議每天食用 2 次，每次 1 小碗，堅持 2~3 天。

營養評價：紅蘿蔔有收斂胃腸水分、吸附腸道細菌及毒素的作用；粳米健脾和胃。適用於大便稀薄的寶寶。

荔枝紅棗粥

材料：荔枝肉 20 克，紅棗 2 顆，粳米 30 克。

適宜症狀
腹瀉
脾胃不適

製法

1. 將紅棗洗淨、去核，將粳米淘洗乾淨。
2. 將所有材料一起放入鍋內，加水煮成粥即可。

營養評價：荔枝紅棗粥能補氣暖胃，健脾止瀉，適用於脾虛泄瀉的寶寶。

烏梅葛根湯

材料：烏梅、葛根各 10 克，紅糖適量。

適宜症狀
腹瀉
乾渴

製法

1. 將烏梅、葛根洗淨，備用。
2. 將備用材料放入鍋中，加適量水，大火煮沸，轉小火燉 20 分鐘，去渣加紅糖，分次飲用即可。

營養評價：烏梅有澀腸止瀉的功效；葛根可解肌退燒、生津止渴。本方適用於由濕熱引起的腹瀉。

陳皮白粥

材料：粳米 50 克，陳皮 3 克。

適宜症狀
腹瀉
嘔吐

製法

1. 將粳米淘淨，陳皮洗淨。
2. 將粳米放入鍋中，加適量水煲成稀粥；粥熟時加入陳皮，再煲 10 分鐘左右，撈去陳皮食粥即可。

營養評價：陳皮具有理氣降逆、調中開胃的功效，有助緩解不思飲食、嘔吐等，適合腹瀉的寶寶食用。

蘋果粟米雞蛋羹

材料：蘋果半個，雞蛋 1 個，甜粟米粒 50 克，生粉適量。

適宜症狀
腹瀉
脫水

製法

1. 將蘋果洗淨、去皮，切粒；雞蛋打成蛋液；生粉用涼水調勻成糊。
2. 鍋裏加水燒開，倒入甜粟米粒煮熟，放入蘋果粒，然後倒入蛋液攪拌成蛋花，再加入少量生粉糊，煮沸後小火煮 2 分鐘即可。

營養評價：蘋果營養豐富，雞蛋是優質蛋白質、維他命 B 雜的良好來源。適宜脫水的寶寶補充營養。

雞蓉粟米羹

材料：雞胸肉 30 克，鮮粟米粒 50 克，雞蛋 1 個，鹽適量。

適宜症狀
腹瀉
消瘦

製法

1. 將鮮粟米粒洗淨；雞胸肉洗淨後放入攪拌機打成蓉；雞蛋打成蛋液。
2. 把鮮粟米粒和雞胸肉蓉放入鍋內，加入水，大火煮沸。
3. 加蓋轉中火再煮 10 分鐘後，將打好的蛋液沿着鍋邊倒入。
4. 開大火將粟米羹煮熟，放鹽調味即可。

營養評價：雞胸肉蛋白質含量較高，易被人體吸收利用，有增強體質的作用，適合腹瀉寶寶食用。

與腹瀉相關的5種常見病

恢復電解質平衡是關鍵

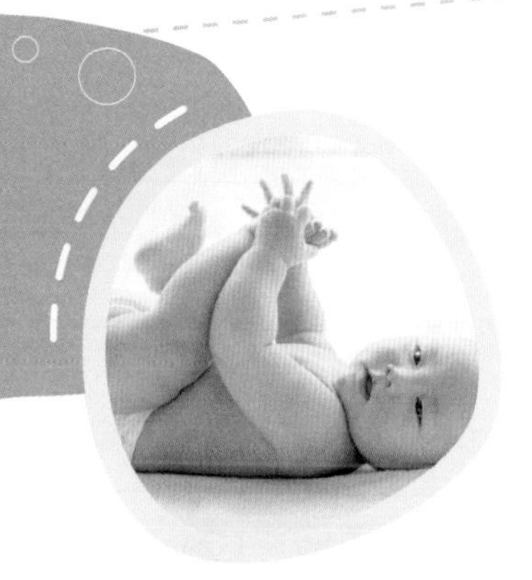

寶寶有腹瀉的症狀，若精神好且腹瀉次數每天不超過 4 次，媽媽則可以在家做護理，注意觀察寶寶病情變化，必要時就醫。若寶寶腹瀉嚴重，出現嘔吐、尿量少、精神萎靡等症狀，可能出現脫水、電解質紊亂，有時還會引發各種常見病，應及時送寶寶去醫院就診。

消化不良

消化不良也是寶寶的常見症狀之一，分為器質性消化不良和功能性消化不良。常見的症狀有上腹疼痛或不適，包括上腹飽脹、噯氣、噁心嘔吐，以及難以描述的上腹部不適感等，大便形狀改變，稀糊樣，不成形，大便次數增多，見難消化樣食物顆粒。消化不良會引起寶寶營養不良。

餵養不定時不定量，突然改變食物種類，或過早餵養脂肪類或含澱粉食物、高糖果汁、刺激性食物等，皆可能導致寶寶消化不良。

過敏性腹瀉

寶寶對異體蛋白產生抗原抗體反應，故吃了含有牛奶蛋白的食物出現腹瀉。

氣候導致的寶寶腹瀉

氣溫突然變化，腹部受涼使腸蠕動增加；天氣過熱使消化液分泌減少。或因口渴飲奶、飲水過多，或過食冰冷食物都可能誘發消化功能紊亂。

腸道外感染致腹瀉

腸道內的病毒、細菌、寄生蟲感染會引起腹瀉，腸道外的感染也會在臨床上出現腹瀉症狀，如中耳炎、上呼吸道感染、肺炎、尿道感染、皮膚感染、闌尾膿腫或者急性傳染病。多由於發燒、感染原釋放的毒素、抗生素治療、直腸局部的刺激等作用而發生腹瀉。

如何調理、治療和改善消化不良

幼兒長期消化不良，會影響生長發育。特別是 3 歲以內的小兒，若消化功能未能及時得到改善，影響營養素的吸收，可能影響大腦發育而遺憾終身。

生活習慣
養成良好的生活、飲食習慣，減輕精神壓力。

鍛煉
適當鍛煉，增強體質以助消化。

均衡膳食
飲食結構合理，不偏食。

藥物輔助治療
應在專業醫生指導下進行。

別心情低沉！
保持愉悅的心情，可促進消化。

別不愛運動！
經常運動能加快胃腸蠕動，促進消化。

別暴飲暴食！
會增加胃腸負擔，不利於消化。

別胡亂吃藥！
應根據寶寶的病因對症用藥。

如何給寶寶進行護理

消化不良會造成寶寶營養缺失，危害身體健康，不利成長。除了給寶寶帶來身體上的不適外，還會降低生活質素。一般的消化不良是日常飲食習慣有問題所導致，媽媽可以及時幫助寶寶調理飲食習慣，做好日常護理。

宜

- 飲食定時定量，少吃零食
- 培養寶寶對吃飯的興趣
- 飲食以清淡為主，減輕腸道負擔

忌

- 一消化不良就吃藥
- 吃高脂肪、高蛋白類食物
- 長時間不活動
- 吃油炸類食物

細菌性腹瀉

細菌性腹瀉是指由各種細菌引起的感染性腹瀉，是以腹瀉為主要表現的常見腸道傳染病。常見細菌有沙門菌屬、志賀菌屬、大腸桿菌、金黃色葡萄球菌等。

細菌性腹瀉的臨床表現

細菌性腹瀉的潛伏期為數小時至數天或數周。多起病較急，少數起病較緩慢。病程一般為數天或1~2周。臨床表現輕重不一，以胃腸道症狀最突出，出現腹痛、腹瀉等，同時伴有發燒、嘔吐等，多發於炎熱的夏季。腹瀉次數每天可多至十幾、二十多次，糞便呈水樣或黏液便、膿血便。水樣便多為病毒性細菌感染所致腹瀉，具有一定的自限性，無需用抗生素治療，而侵襲性細菌所致腹瀉糞便為黏液便、血便。

如何對患細菌性腹瀉的寶寶進行護理

細菌性腹瀉一般屬自限性腹瀉，一般可自癒，媽媽不需要立即送寶寶到醫院就診，先在家做好護理，隨時觀察寶寶精神狀態，必要時就醫。

喝水
喝點淡鹽水。

個人清潔
勤洗手。

食物清潔
進嘴食物要洗乾淨。

別吃隔夜食物
食物長時間擱置會滋生細菌。

別使用坐便
坐便細菌繁多，嬰兒不宜使用。

別喝高糖類液體
不宜喝含糖飲料。

別濫吃藥
隨意吃止瀉藥會損害寶寶健康。

秋季腹瀉

輪狀病毒是引起嬰幼兒腹瀉的主要病原體之一，因發病高峰在秋季，所以又名秋季腹瀉。輪狀病毒的傳染性很強，在體外可以存活幾個小時到幾個月，在低溫環境下存活的時間更長。輪狀病毒感染會增大寶寶患腸套疊的風險。

秋季腹瀉的臨床表現

秋季腹瀉的前期可能有上呼吸道感染症狀，例如：鼻塞、流鼻涕等，多以嘔吐與高燒起病，會出現嚴重的水樣腹瀉，寶寶會出現尿少等體內水分嚴重不足的症狀。

秋季腹瀉的自然病程約為1周，病毒往往1周左右後自動消亡。容易併發寶寶脫水和電解質紊亂，若寶寶皮膚彈性變差，四肢冰涼，精神狀態差，需對症治療。

如何給寶寶進行護理

雖然秋季腹瀉具有自癒性，但不代表完全不需要干預，媽媽需要及時幫寶寶恢復體內電解質平衡，必要時需配合醫生進行有效的治療，以防寶寶出現脫水性休克。

宜

- 口服補液鹽
- 飲用水要乾淨
- 為寶寶注射輪狀病毒疫苗
- 防止食物污染

忌

- 吃變質食物
- 只喝白開水
- 暴飲暴食
- 不注意保暖

胃腸型感冒

胃腸型感冒是感冒的一種，主要是由一種叫「柯薩奇」的病毒引起的，同時伴有細菌混合感染，胃腸症狀較明顯。

胃腸型感冒的臨床表現

胃腸型感冒在醫學上又稱「嘔吐性上感」，主要表現為胃脹、腹痛、嘔吐、腹瀉等症狀，身體會感覺疲憊乏力、痠疼，一天排便多次，嚴重時會導致身體脱水、體內電解質紊亂等。這時如果以止瀉藥物進行治療，不但不能緩解病情，還會延誤病情。

寶寶患胃腸型感冒的主要原因是受外部刺激，比如換季時的天氣變化，冷空氣會刺激寶寶的腸胃，生活習慣不規律，不良飲食等。寶寶在患病初期，會有被誤當作急性胃腸炎的情況發生。患急性胃腸炎的寶寶噁心、嘔吐較為劇烈，嘔吐物常有刺激性氣味，但一般沒有發燒症狀。

如何對患胃腸型感冒的寶寶進行護理

胃腸型感冒寶寶會出現全身乏力、痠痛的症狀，媽媽除了需要帶寶寶去醫院進行專業治療，還要做好日常護理。

喝水
多喝溫水。

飲食
清淡飲食，
多喝粥類食物。

果蔬
水果、
蔬菜適量。

睡眠
確保睡眠充足。

別貪玩不睡覺
睡眠充足有利於寶寶身體恢復。

別吃刺激性食物
易刺激腸胃，不利於恢復。

別濫服藥物
隨意服用藥物有損寶寶健康。

別焗着
焗在被子裏不利於散熱，也容易滋生細菌。

牛奶蛋白過敏

嬰幼兒過敏大多是從食物過敏引起，現在不少嬰兒出生後第一口奶喝的是配方奶，可能會造成牛奶蛋白過敏。當寶寶出現牛奶蛋白過敏時，媽媽應停掉寶寶所有的牛奶製品，堅持餵養母乳，媽媽自身也應該限制食用牛奶或含牛奶的食物。

嬰兒最常接觸且最易致敏的食物抗原是牛奶，多數的普通奶粉都是由牛乳進行加工而來。過敏嚴重的寶寶可能會營養不良，出現明顯消瘦，發育落後或延遲等。一般臉上有濕疹，家長容易注意到，可有一些過敏的寶寶往往會影響到腸道，導致腸道黏膜充血、腹瀉或便秘，從而影響營養素的吸收。臨床上，很多過敏的寶寶非常瘦，這可能與過敏導致胃腸道吸收不良有關。

牛奶蛋白過敏怎麼餵養

寶寶牛奶蛋白過敏，媽媽應停止牛奶製品餵養，同時給寶寶食用水解蛋白配方粉。先選擇深度水解配方粉與氨基酸配方粉連續食用3~6個月後，可在原有配方粉內添加部分水解配方，根據寶寶的耐受狀況增加比例，直至全部使用水解配方粉，堅持6個月，再逐漸過渡到正常配方。媽媽應該在醫生的指導下進行。

如何護理過敏寶寶

寶寶出生後第一口奶應該是母乳，喝配方奶容易造成寶寶牛奶蛋白過敏。若寶寶已經患有牛奶蛋白過敏，媽媽及時找醫生進行專業治療。還需在日常生活中給寶寶做好護理，堅持良好的飲食習慣。

宜

- 堅持餵養母乳
- 推遲添加輔食
- 補充鈣類產品
- 堅持最佳的餵養方式

忌

- 吃蛋糕
- 喝牛奶
- 太早添加輔食
- 不及時補鈣

偏食
精神因素
飲品
水果
便秘
不動
飲食不足
腸功能
別急躁
多飲水
吃得太多
乳果糖

第5章
寶寶便秘怎麼辦

寶寶便秘是一種常見的病症，病因有很多。要麼幾天不排便，要麼就大便出血，不僅影響寶寶的日常生活，也給媽媽帶來很多困擾。怎麼解決寶寶便秘成為媽媽頭痛的問題。本章就帶媽媽來瞭解一下關於寶寶便秘的原因和護理方法。

關於便秘 媽媽需要知道的

生活習慣不健康易致便秘

對於寶寶來說，胃腸功能以及免疫功能尚未發育完善，抵抗力較弱，容易發生消化功能紊亂以及吸收障礙等問題；加上飲食結構不合理、生活習慣不健康等，寶寶很容易產生便秘問題。

寶寶便秘發病原因

寶寶便秘的發病原因有很多。一類屬功能性便秘，經過調理可以痊癒；一類是先天性腸道畸形導致，一般的調理是不能痊癒的；消化不良也是寶寶便秘的常見原因之一，一般通過飲食調理可以改善。

寶寶飲食不定時、挑食、厭食或者沒有養成良好的排便習慣、未形成排便的條件反射，都會導致寶寶便秘。還有一些先天性的腸道疾病，如先天性巨結腸和肛裂、肛門狹窄等疾病也會造成便秘。

幾天沒便便算是便秘

便秘是由多種疾病導致的一種症狀，而不是一種病。常見症狀是排便次數明顯減少，超過 3 天或更長時間排一次，無規律，糞質乾硬，常伴有排便困難。由於引起便秘的原因很多，也很複雜，因此，一旦發生便秘，尤其是比較嚴重的、持續時間較長的，應及時帶寶寶到醫院檢查，查找引起便秘的原因。

腸道發育異常要警惕

腸道指的是從胃幽門至肛門的消化管。腸是消化管中最長的一段，也是功能最重要的一段。人的腸包括十二指腸、小腸、大腸和直腸。大量的消化作用和幾乎全部消化產物的吸收都是在小腸內進行的；大腸主要濃縮食物殘渣，形成糞便，再通過直腸經肛門排出體外。如果腸道發育異常，就會影響到食物殘渣、毒素的排出，臨床可能表現出便秘。對於嬰幼兒，特別要考慮先天發育畸形，比如常見的先天性巨結腸。

寶寶便秘原因及一些注意事項

寶寶便秘的原因有很多，媽媽應在日常生活中做一些簡單護理，有益於寶寶健康成長。

食物攝入量不足
寶寶食量太少時，經過消化後腸道中的餘渣少，大便量不足。

食物不適合寶寶
糞便中會含大量不能溶解的鈣皂，致糞便增多，容易便秘。

腸功能失常
生活和排便不規律，排便反射減弱可引起便秘。

精神因素
突然的精神刺激、生活環境的改變等可導致短時間的便秘。

別偏食
要均衡飲食。

別隨意喝飲品
要根據寶寶的實際情況選擇飲品。

別飯後立即吃水果
飯後立即吃水果會使食物停滯在胃裏。

別坐着不動
常運動有益於緩解便秘。

如何預防小兒便秘

要儘量調整寶寶的飲食結構，使飲食多樣化，讓寶寶多吃水果、蔬菜等富含粗纖維的食物。

宜

- 養成良好飲食習慣
- 多吃富含纖維的食物
- 給寶寶補充益生菌
- 多到戶外走走

忌

- 不愛運動
- 挑食
- 只吃肉不吃菜

不同年齡階段寶寶便秘的護理

治療寶寶便秘，最主要的還是應以調護為主。要儘量調整飲食結構，使飲食多樣化。

切忌不合理添加輔食

嬰幼兒消化系統發育尚未成熟，胃酸和消化酶分泌少，酶活性低，不能適應食物質和量的較大變化，同時神經、內分泌、循環、肝腎功能發育不成熟，如果一次性添加輔食太多，腸道不耐受，會出現腸功能紊亂。

偏食易造成便秘

寶寶便秘，跟天氣乾燥等外界條件有一定關係，但如果一年四季都有便秘，主要在於寶寶沒有養成良好的飲食習慣。有些寶寶不喜歡吃蔬菜、水果，偏好肉食、奶類等高蛋白食物，容易抑制腸胃蠕動，影響排便。

0~3個月

適當增加母乳量，多喝溫水有助積極排便。

4~12個月

可以訓練定時排便，進食後腸蠕動加快，可以訓練寶寶在進食後排便。

1~3歲

多喝溫水，多吃蔬菜，若是情況嚴重的寶寶，應送醫院就診。

護理方法

一般來說，改善寶寶飲食習慣是治療寶寶便秘的直接而有效方法。還要多運動，以增加腸道蠕動，媽媽可以多多學習。

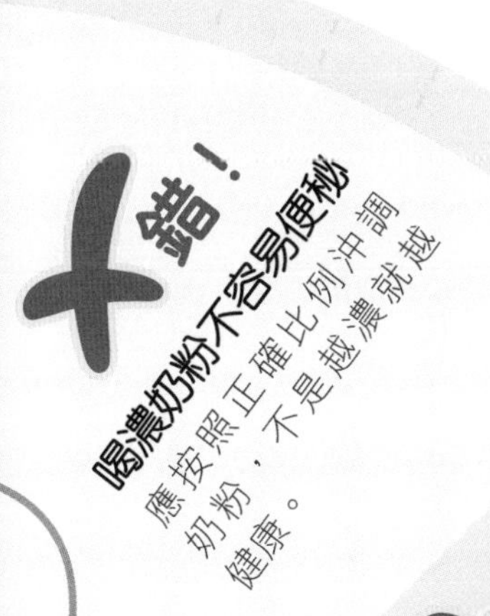

錯！

喝濃奶粉不容易便秘

應按照正確比例沖調奶粉，不是越濃就越健康。

錯！

要多多補充鈣、鐵、鋅等礦物質

如果現有的各種營養元素都能滿足寶寶的生長發育需要，多餘的補充會引起便秘。

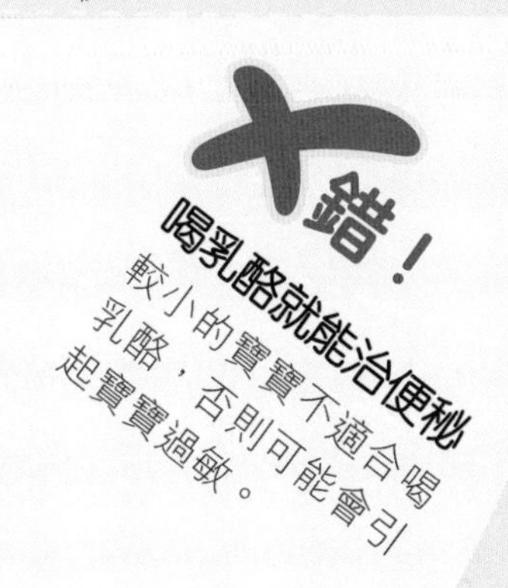

錯！

喝乳酪就能治便秘

較小的寶寶不適合喝乳酪，否則可能會引起寶寶過敏。

認識謬誤

雖然寶寶便秘不是甚麼大問題，但大多數媽媽在護理中存在很多謬誤。

寶寶經常便秘，便便的時候憋紅了臉。請問如何從生活上改善呢？

需要改善食物的質和量，注意讓6個月以後的寶寶攝入一定量的白開水，適量攝入含有纖維素的食物，如蔬菜、水果，促進腸蠕動。其次，增加身體的活動量有助於促進新陳代謝及血液循環。

媽媽你要知

1. 幫助寶寶養成良好的排便習慣，定時提醒寶寶上廁所。不要讓寶寶故意憋着大便。
2. 注意補充乳酸菌，如雙歧桿菌、乳酸糞腸球菌等。
3. 多帶寶寶到戶外活動，有了足夠的活動量也能刺激寶寶排便。

寶寶便秘最好用飲食調理

多吃新鮮蔬菜和水果

有功能性便秘問題的寶寶，平時除了選擇纖維素和益生菌來糾正便秘之外，還應該多吃新鮮蔬菜及水果，增加飲食中膳食纖維的攝取量；適量增加粗、雜糧等的攝入量，以擴充糞便體積，促進腸蠕動，減少便秘的發生；必要時，可補充益生菌製劑。

益生菌和膳食纖維有助腸蠕動

益生菌是甚麼

益生菌是指對人、動物有積極影響的活性微生物，如乳酸菌、嗜酸乳桿菌、雙歧桿菌等。可直接作為食品添加劑服用，在攝入一定的數量後，對宿主產生特殊的能超越其固有的基本營養價值的保健作用。

用溫水沖益生菌製劑

沖調時，一定要使用溫開水（35~40℃），沖泡好益生菌製劑要及時給寶寶服用，以免益生菌死亡失效。

如果沒有消化不良、腹脹、腹瀉、便秘或其他破壞腸內菌群平衡的因素，不提倡寶寶攝入過多的益生菌製劑。

補充益生菌時要多吃富含膳食纖維的食物。在給寶寶補充益生菌的同時，多吃根莖類蔬菜、水果等富含膳食纖維的食物，就相當於在腸子裏營造一個益生菌喜歡生長的環境。必要時，在醫生指導下同時補充纖維素，效果更好。多數的益生菌並不喜歡肉類和葡萄糖，如果含益生菌的食品中含有過多的糖分會降低菌種的活性。

益生菌不能與抗生素同服

抗生素尤其是廣譜抗生素不能識別害菌和益菌，它殺死敵人的同時往往把益菌也殺死。這種情況可過後補點益生菌，這會對維持腸道菌群平衡起到很好的作用。若必須服用抗生素，服用益生菌與抗生素間隔的時間要長，不短於 2~3 小時。

便秘的寶寶怎麼吃

經常便秘的寶寶，養成良好的飲食習慣最重要。媽媽可以幫助寶寶均衡膳食，也可以在醫生的指導下幫助寶寶。

水果
多給寶寶吃含水量豐富的水果。

食物
多吃富含膳食纖維的食物。

乳果糖
可以在醫生指導下嘗試使用乳果糖。

多飲水
日常可以多喝溫開水。

別吃得太多 !
給寶寶飲食宜定時定量。

別濫喝飲品 !
寶寶平時以喝白開水為主。

別着急添加輔食 !
通常寶寶要滿6個月才開始添加輔食。

別急躁 !
便秘的飲食調理是一個相對較長的過程。

便秘時就醫應採取的措施

寶寶便秘會伴隨腹脹、腹痛、食慾差等症狀，會影響寶寶的情緒和心理，也給媽媽帶來很大的煩惱，必要時媽媽應帶寶寶去醫院接受專業治療。同時應對寶寶採取積極助療措施，日常生活中加強護理，以緩解寶寶身體不適。

宜

- 多吃纖維素含量高的果蔬
- 幫助寶寶養成排便習慣
- 多喝水

忌

- 習慣性憋便
- 久坐不動
- 只補纖維不補水
- 過度依賴瀉藥

便秘

給寶寶的餐單

便秘寶寶不宜食用含蛋白質和鈣過多的食物，如乳類、瘦肉類、魚類、蛋黃、豆類、海帶、紫菜等。不宜食用易脹氣和不易消化的食物，如乾豆類、洋葱、馬鈴薯以及甜食等。不宜食用過於精製的食物。

核桃粥

材料：核桃仁 20 克，粳米 50 克，熟黑芝麻適量。

製法

1. 將核桃仁搗碎；粳米淘淨。
2. 將粳米、核桃碎放入鍋內，加適量水，用大火燒沸後，轉用小火煮至米爛成粥，撒上熟黑芝麻即可。

營養評價：核桃內含有豐富的核桃油，可以軟化大便，潤滑腸道，還含有大量的膳食纖維，可以促進腸胃蠕動。大便稀薄者忌食用。

冰糖香蕉

材料：香蕉 1 根，冰糖適量。

適宜症狀
便秘
乾燥

製法

1. 將香蕉去皮，切片。
2. 將香蕉片與冰糖同放入碗內，加少量開水，隔水蒸 15 分鐘左右即可。

營養評價：冰糖香蕉有潤腸通便、潤肺止咳的功效。

黑芝麻粥

材料：黑芝麻 6 克，粳米 50 克。

製法

1. 鍋燒熱，放入黑芝麻，用中火炒熟，取出研碎。
2. 將粳米淘淨，放入鍋中，加適量水，大火燒沸轉小火煮，米八成熟時，放黑芝麻碎拌勻，繼續煮至米爛成粥即可。

營養評價：黑芝麻性溫，又含油質，有潤滑腸道的功效。

番薯粥

材料：番薯、小米各 50 克。

製法

1. 將番薯去皮洗淨，切小塊；小米淘淨。
2. 將小米、番薯放入鍋中，加適量水，用大火燒沸後，轉用小火煮至米爛成粥即可。

營養評價：番薯能滑腸通便，健胃益氣，並含有較多的膳食纖維，能促進腸道蠕動，增大糞便的體積，促進通便。

粟米蘋果湯

材料：蘋果 1 個，粟米段適量。

適宜症狀
便秘
肛裂

製法

1. 將蘋果洗淨，去皮，去核，切塊。
2. 將蘋果與粟米段一同加水熬煮，煮至食材全熟即可。

營養評價：蘋果富含膳食纖維，與粟米同食可緩解大便乾結症狀。適用於大便乾硬，上廁所時肛門疼痛的寶寶。給寶寶食用粟米粒時，可儘量搗碎，以免噎着。

與便秘相關的5種常見病

關注寶寶大便顏色、形狀

寶寶的大便與很多疾病有關，這從寶寶出生後第一次排便就開始。大多數的嬰兒在出生後 12 小時內會排出墨綠色的濃厚胎便。如果胎便延遲，或者大便顏色、形狀異常，需要找醫生檢查。

巨結腸

巨結腸不是一種常見病，是結腸擴張肥厚，但真正病變的是腸管下方的細小腸管，不是擴張的結腸。由於缺少神經節細胞，長期處於痙攣細小的狀態，大便到了這裏就很難通過，囤積在上方正常的腸管內，時間越長上方的腸管就擴張增肥，變成了巨結腸。

先天性巨結腸

嬰兒在出生後 24 小時內就會排便，當出現排便延遲或排出的胎便顏色、形狀異常時，可能是寶寶出現先天性巨結腸。先天性巨結腸是由於直腸或結腸遠端的腸管持續痙攣，糞便淤滯近端結腸，使腸管肥厚、擴張，是一種小兒的先天性腸道畸形。

絕大多數寶寶出生後 48 小時或更長時間沒有胎便，會出現腹脹或者嘔吐。少數寶寶在出生後 3~4 天可以排出少量硬結胎便。由於胎便食滯，細菌繁殖，會導致其他併發症。如果寶寶全身情況持續惡化，出現拒食、嘔吐、脱水等症狀，會引發休克，應積極治療。

寶寶便秘與巨結腸的區別

在寶寶成長過程中，出現很多天沒有大便的現象，媽媽會認為是寶寶便秘，巨結腸的基本症狀也是多天沒有排便，如何區分普通的便秘與巨結腸的狀況？

巨結腸的特點是大多數寶寶在出生時就開始排便困難，如果嬰兒在 48 小時內沒有排便，就應該找醫生檢查寶寶是否存在巨結腸。普通的寶寶便秘一般發生在 1~3 歲之間。

巨結腸的臨床表現及注意事項

寶寶發生巨結腸時，媽媽容易誤會寶寶出現了功能性便秘。寶寶巨結腸的症狀有哪些？

大便排出困難
一般會存積在腸內。

食慾差
長時間不排便，也沒有進食的慾望。

腹脹
大便通過困難，造成結腸擴張肥厚，便會形成腹脹。

營養不良
由於長時間不想進食造成營養缺乏。

別隨意變換食物
寶寶胃腸接受能力差，易引起其他併發症。

別過早停止母乳
母乳營養好，利於吸收。

別只喝水
應多食用膳食纖維。

別使用通便塞
應從根本上解決問題。

如何給寶寶進行護理

當寶寶出現排便困難、腹脹、營養不良等狀況，應及時找醫生就診。如果需要進行手術治療，媽媽不用太焦急，一般寶寶手術後恢復很好，不會出現併發症。

宜

- 積極呵護寶寶、關愛寶寶
- 根據醫囑按時服用藥物
- 適當飲水

忌

- 持續進食
- 頻繁使用通便塞
- 隨意吃藥
- 奶粉沖調過稀

肛裂

肛裂指消化道出口從齒線到肛緣這段最窄的肛管組織表面裂開，反復不癒的一種疾病。大多因為大便乾燥，排便用力使乾硬大便擦傷或撐裂肛管上皮（內皮）形成。肛門有個裂口，排便時感到疼痛，伴隨大便出血。

肛裂大多是由於便秘造成的，大便粗硬，超過了肛門順暢擴張的限度，就可能會導致肛門皮膚黏膜的撕裂。當寶寶下次大便時，傷口會被刺激，感到疼痛，大便會伴隨出血，容易造成寶寶拒絕大便，大便時疼痛哭鬧。

寶寶拒絕排便會加重便秘的程度，而大便乾硬，又會加重肛裂的程度，形成惡性循環，時間過久就會出現局部肉芽組織增生，形成「哨兵痔」。

肛裂的臨床表現

寶寶肛裂的主要症狀表現為便血，排便時肛門疼痛，寶寶會拒絕排便。糞便乾結，排出困難，會使肛裂難以癒合。

有效地預防肛裂，需要媽媽培養寶寶良好的排便習慣；增加寶寶的活動量，加強運動；還要進行有系統的餵養，保持良好的飲食習慣等。當寶寶已經出現肛裂，媽媽不能隨意給寶寶使用通便瀉藥或者通便塞，應保持良好的生活習慣，症狀嚴重時需去醫院就醫。

如何對患肛裂的寶寶進行護理

患肛裂的寶寶大多拒絕排便，因為拉扯傷口造成疼痛，大便時伴隨出血症狀。如果不積極治療，大多會造成慢性肛裂。

喝水
多喝溫水與果汁。

補充膳食纖維
多吃富含膳食纖維的食物。

個人清潔
保持肛門清潔。

聽從醫囑
適當使用藥物鬆弛括約肌。

別不愛運動
多運動會促進胃腸蠕動。

別不注重衛生清潔
忽略清潔只會增加細菌感染的機率。

別不愛喝水
及時飲水會緩解大便乾的症狀。

別拒絕排便
有寶寶害怕疼痛就不去排便，只會加重病情。

攢肚

攢肚一般指寶寶大便規律的改變。寶寶 2~3 天或 4~5 天，有的甚至於 15 天不排大便也無痛苦表現，待到排便仍為黃色軟便，無硬結，量也不是特別多，這種現象稱為攢肚。

攢肚不是一種疾病，只是一種現象，不需要對寶寶做特殊的治療，是在寶寶從大便次數多到大便次數少的過渡中出現的。大便次數的減少，是大多數寶寶必然會經歷的過程。

月齡越小，寶寶大便次數差異越大。寶寶在 1 歲以內，隨着月齡增加，大便次數呈現下降趨勢明顯；3 歲以後的寶寶大便次數才開始變化不大。

攢肚的臨床表現

寶寶發生攢肚期間，精神狀態良好，大便的形態正常。等到寶寶添加輔食以後，吃入的食物多了，會攝入更多的膳食纖維，促進胃腸道蠕動，會增加糞便的體積，使便便容易排出，次數恢復正常。

如何給寶寶進行護理

攢肚是寶寶成長發育過程中出現的正常生理現象，不會造成寶寶營養吸收失調，所以媽媽不用帶寶寶去醫院做特殊治療，在家做好護理，幫寶寶通便即可。

腸套疊

腸套疊是指一段腸管套入與其相連的腸腔內，並導致腸內容物通過障礙。一般常發生於嬰幼兒，特別是 2 歲以下的寶寶，每年的秋冬季節是急性腸套疊的高發期。

急性腸套疊一般發生於 2 個月至 2 歲之間的寶寶。腸套疊經明確診斷後治療並不難，通過灌腸，靠氣體或水的壓力將鑽進去的腸子沖出來，就可以治好，大部分寶寶也不會復發。如若有腸壞死的可能，就要為寶寶動手術。

腸套疊的臨床表現

由於腹脹導致的疼痛會使寶寶出現哭鬧、面色蒼白，出汗等症狀，有時會伴隨嘔吐、大便帶血、腹部疑似有腫塊狀物、大便呈果醬樣的情況發生。當媽媽發現寶寶疑似腸套疊，應立即送寶寶去醫院治療。

如何對患腸套疊的寶寶進行護理

對於患腸套疊的寶寶，媽媽一般都會很恐慌，除了積極治療，還應做好日常生活中的預防和護理。

均衡餵養
均衡膳食，減少胃腸負擔。

注意腹部保暖
寶寶腹部受涼易造成胃腸疾病。

防止腸道發生感染
注意合理飲食。

清潔衛生
防止病毒細菌感染。

別不愛運動
多運動會促進胃腸蠕動。

別隨意更換食物
會加重寶寶胃腸負擔。

別受涼
應學會季節性更衣。

別吃不易消化的食物
寶寶消化能力不夠健全，會加重病情。

小兒痔瘡

小兒痔瘡的發病率低，一般為內痔，外痔與混合痔相對較少。引起小兒內痔常是由於直腸靜脈壁有先天性薄弱的缺陷。還有一個原因是便秘，糞塊壓迫直腸下端和肛門口，使肛門部靜脈血液流動受阻，靜脈逐漸擴張而成。

小兒內痔一般不需要特殊的治療，只要調整飲食，多吃果蔬，防治寶寶便秘，保持良好的生活習慣，都能自行消退。若媽媽擔心寶寶身體不適，可以去醫院進行專業治療。

小兒痔瘡的臨床表現

1. 排便異常：在開始餵養寶寶奶粉的時候，由於奶粉與母乳的餵養失調，造成大便乾結，時間過長就會形成便秘，寶寶大便會乾而硬，由於排便困難，寶寶會排斥排便。

2. 排便疼痛：因為排便困難，糞便堆積會使寶寶在排便時拉扯肛門造成疼痛，從而造成寶寶不敢大便，大便時哭鬧。

3. 便血：寶寶排便困難時會使內痔增大，因為磨損或破裂造成便血。所以有內痔的寶寶在排便時會有出血的症狀發生。

如何給寶寶進行護理

媽媽不需太擔心，及時觀察寶寶的精神狀態，做好家庭護理。如果寶寶症狀沒有緩解或者更嚴重，則需及時去醫院就醫。

食慾不振
捏脊
口臭
按摩
食滯
飲食清淡
肚脹
腦膜炎
戶外運動
藥物
睡不安
消滯片

第6章

寶寶食滯怎麼辦

大多數媽媽都認為寶寶正值成長的時候，吃得越多越好。其實不然，寶寶還沒有自我控制能力，喜歡吃個不停，長期攝入過多的熱量不僅會造成寶寶肥胖，更嚴重的是會導致寶寶食滯，不利於寶寶健康。

關於食滯 媽媽需要知道的

寶寶食滯可能是消化不良

從中醫角度來説，食滯主要是指小兒乳食過量，損傷脾胃，使乳食停滯於中焦所形成的胃腸疾患。食滯多發生於嬰幼兒，主要表現為腹部脹滿、大便乾燥或酸臭、肚腹脹熱。食滯的時間長了，會造成小兒營養不良，影響成長發育。

寶寶食滯的原因

由於年齡小，寶寶還未具備自我控制的能力，常常吃個不停，家人往往以為寶寶正是成長階段，吃得越多越好，所以寶寶想吃東西，家長總不會拒絕。實際上不論哪一種食物，再有營養也不能吃得太多，否則會損害寶寶的健康，造成寶寶食滯症狀的出現，如腹脹、易飽、反酸、噯氣，有的還會噁心、嘔吐等。

寶寶食滯的一個原因是運化不佳，導致消化不良。另一原因是，寶寶平常腸胃虛弱，或由於生病損傷脾胃，導致稍有飲食增加，就會飲食而不化。

甚麼時候需要就醫

功能性消化不良給寶寶帶來的危害集中表現在上消化道症狀而引發的不適，以及可能對生活質素的影響。部分寶寶因為功能性消化不良症狀致進食量減少、消化吸收率降低，導致不同程度的營養不良。所以若寶寶經常噁心、打嗝、腹脹，應及時就醫。

飲食需有節制

如果媽媽任由寶寶暴飲暴食，很容易造成寶寶食滯。寶寶的消化系統發育尚未健全，易增加胃腸負擔，導致消化功能紊亂，令寶寶出現嘔吐、食滯的症狀。

食滯的症狀及簡單護理

一般寶寶看到美味東西就很難控住嘴巴，把自己的小肚子吃得脹脹的，這樣容易造成食滯。寶寶食滯了一般有哪些症狀？

食慾不振
寶寶胃口縮小了，沒有以前那麼能吃。

口臭
胃裏積累太多未消化的食物，說話時會有口氣出現。

睡不安
睡覺時不停地翻動。

肚脹
由於食滯，肚子明顯脹大。

飲食清淡
合理膳食，養成良好飲食習慣。

小兒消滯片
遵醫囑給寶寶吃消滯片。

捏脊
媽媽用兩手從上向下捏寶寶脊柱。

戶外運動
讓寶寶多運動。

如何預防寶寶食滯

寶寶食滯一般是飲食不規律造成的。飲食過量導致體內食物不能及時被消化而引起不適。寶寶年齡小，沒有良好的控制能力，一般會一直想吃東西，媽媽不能認為寶寶在吃就是寶寶需要，應該控制好寶寶的飲食習慣和食量，在日常生活中為寶寶做好相關護理工作。

宜

- 均勻合理的膳食結構
- 多帶寶寶運動
- 注意清潔衛生
- 多喝溫水

忌

- 頻繁地餵食
- 缺乏鍛煉
- 隨意吃瀉藥
- 穿得過多

不同年齡階段寶寶食滯的護理

食滯會增加寶寶腸、胃的負擔，時間一長會導致寶寶出現營養不良，食滯也會引起呼吸疾病。

食滯引起的消化不良

年齡小的寶寶多是由媽媽餵養，媽媽餵養不定時或不定量、突然改變食物種類、過早添加輔食會造成寶寶食滯。寶寶會感到腹部不適，影響吃奶，導致營養不良，以至影響成長發育，必要時要去醫院就診。

越食滯越能吃

有的寶寶往往食滯了還是很能吃，造成腹部脹滿。這類寶寶往往是食了高燒量的食物，導致積滯化熱，餓得特別快，中醫稱為「消穀善饑」。但寶寶的脾胃運化功能不足，脾又無力運化，身體吸收不到營養，最終就會越吃越滯，越滯越吃。

0～3個月

每天晚上睡覺前，媽媽可以為寶寶推拿一下肚子，促進寶寶腸胃蠕動。

4～12個月

每餐不要餵得太多，少食多餐，也可以推拿腹部。

1～3歲寶寶

不要讓寶寶吃得太多，不能過多食用過於油膩的食物如蛋糕、巧克力等甜點類食物。

護理方法

一般來講，寶寶食滯太多是吃得太多所造成，食滯日久，會造成寶寶營養不良，影響成長發育。

錯！

多吃穀物比吃蛋白質好

過早過多添加穀物類食物，容易導致消化不良。

喝甜味飲料對身體好

喝過多的甜味飲料會影響寶寶的食慾，降低消化功能，造成身體不適。

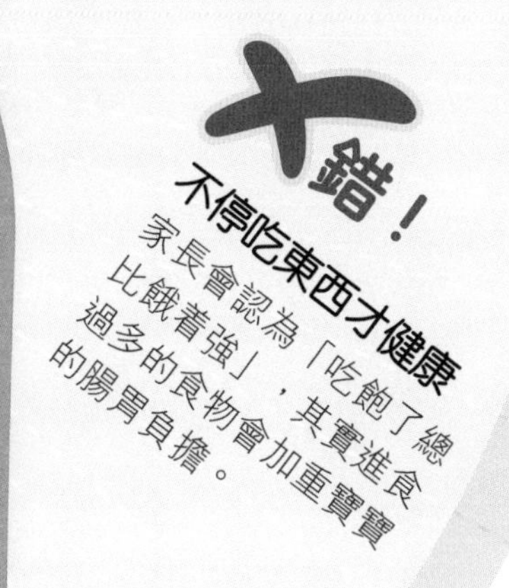

錯！

不停吃東西才健康

家長會認為「吃飽了總比餓着強」，其實進食過多的食物會加重寶寶的腸胃負擔。

認識謬誤

有些家長對寶寶食滯問題存在很大的謬誤。應早點給寶寶添加輔食？錯！寶寶不長牙就不能吃飯？

我家寶寶 7 個月，混合餵養，每次吃奶大概 130 毫升，而且沒有饑餓感，一般 2~3 小時餵 1 次，每次喝奶後總要打飽嗝，有噯氣。

寶寶打飽嗝説明咽下空氣多。不要餵得太頻繁，3~4 小時餵 1 次奶，輔食每天可以吃 1~2 次，可以吃點肉泥、蔬菜泥。

媽媽你要知

1. 一般情況下，寶寶不愛吃飯，不要強迫吃飯，也儘量避免寶寶吃太多的零食，應及時查找原因或就醫。
2. 媽媽不要把寶寶包得太密實，不利寶寶活動，活動少也影響進食。

小兒食滯，試試推拿

小兒食滯，中醫稱「積滯」，是指小兒飲食沒有節制，停滯中脘，食滯不化而引起的一種脾胃病。

小兒食滯時間長往往引起寶寶厭食，以較長時間食慾不佳、見食不貪、食量減少為特徵。本症可發生於任何季節，夏季暑濕當令之時，發病率較高。兒童時期均可發病，臨床以 1~6 歲兒童為多見，都市兒童發病率較高。

脾失健運型食滯

寶寶如果面無光澤，食慾不佳或吃飯不香，拒進飲食，腹脹，噁心嘔吐，舌苔白膩，一般是脾失健運型食滯。

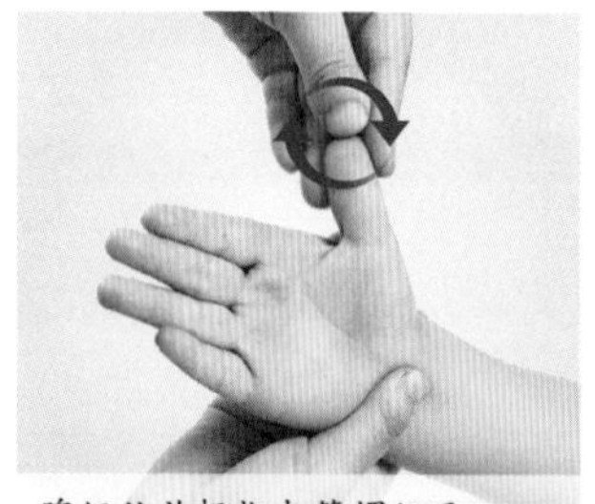

脾經位於拇指末節螺紋面。

1 補脾經：順時針旋推 100~300 次。

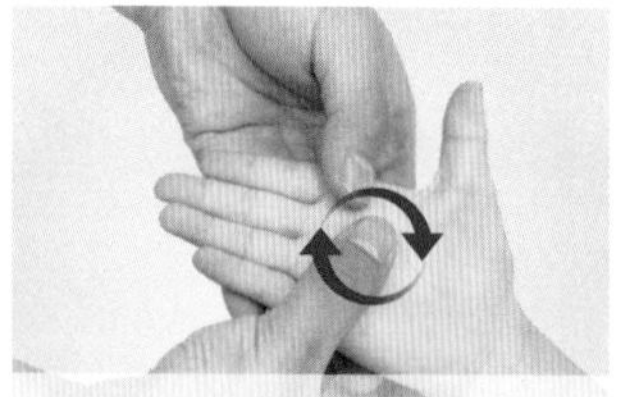

內八卦是以掌心為圓心，從圓心至中指指根橫紋約 2/3 處為半徑所作的圓周。

2 掐運內八卦：用拇指指端順時針掐運內八卦 100 次。

胃經位於拇指掌面近掌端第 1 節。

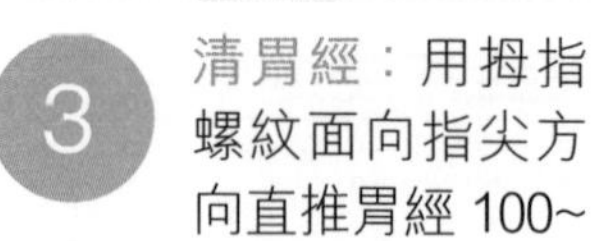

3 清胃經：用拇指螺紋面向指尖方向直推胃經 100~300 次。

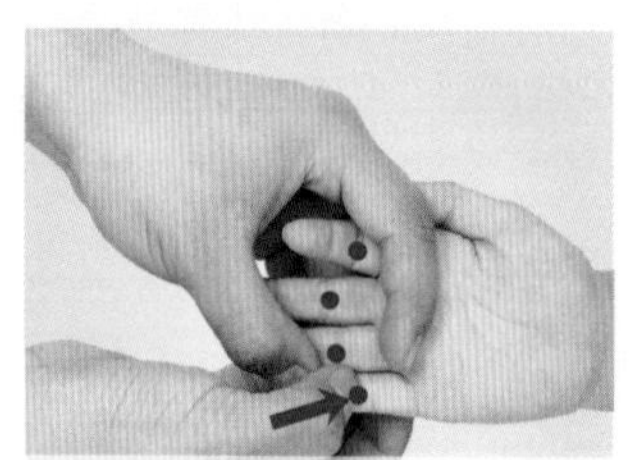

四橫紋位於掌面食、中、無名、小指第 1 節橫紋處。

4 掐揉四橫紋：用拇指指甲掐揉四橫紋各 3~5 次。

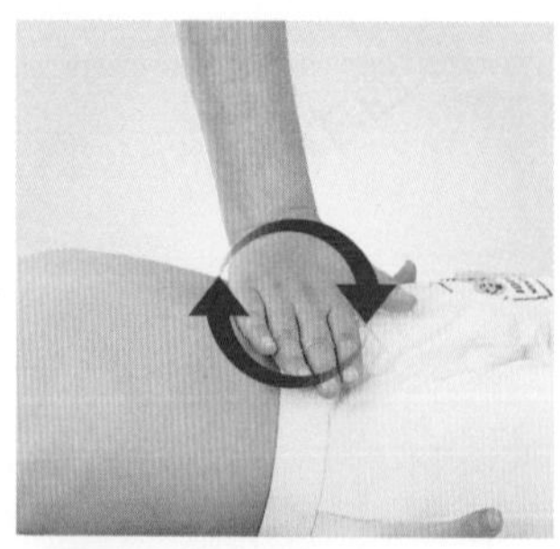

5 摩腹：用手掌面順時針摩腹 3~5 分鐘。

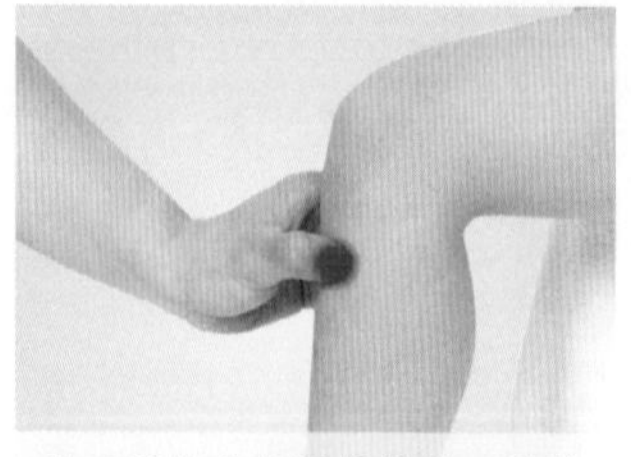

足三里位於小腿前外側，外膝眼下 3 寸，距脛骨前緣 1 橫指。

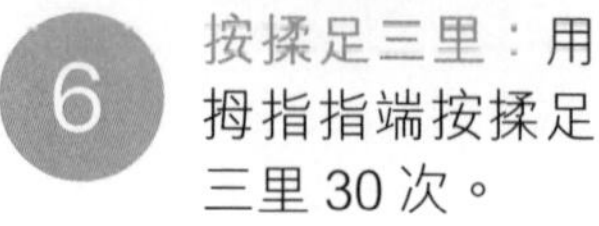

6 按揉足三里：用拇指指端按揉足三里 30 次。

脾胃陰虛型食滯

脾胃陰虛型食滯的寶寶，通常不想吃飯、口乾、喝水多、大便乾結，舌苔多見光剝、舌質紅等。

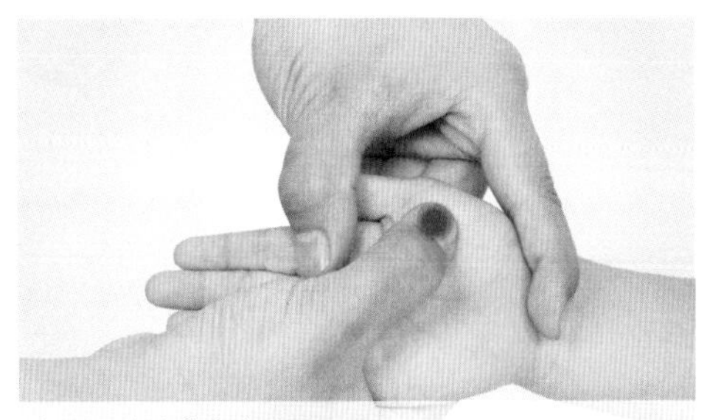

板門位於手掌大魚際平面。

按揉板門：用拇指螺紋面按揉板門 100 次。

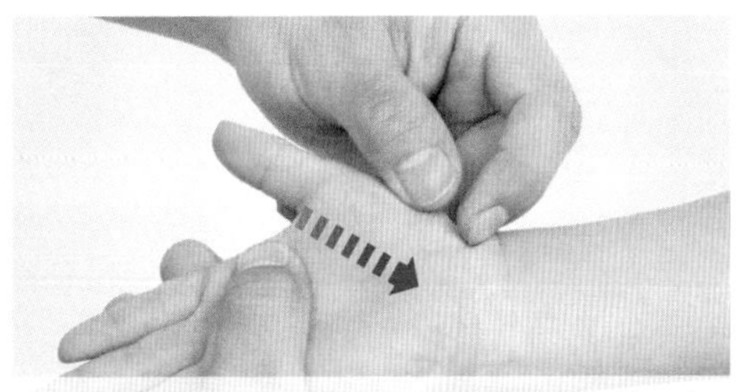

胃經位於拇指掌面近掌端第 1 節，即大魚際橈側赤白肉際處。

補胃經：用拇指螺紋面向指根方向直推胃經 100~300 次。

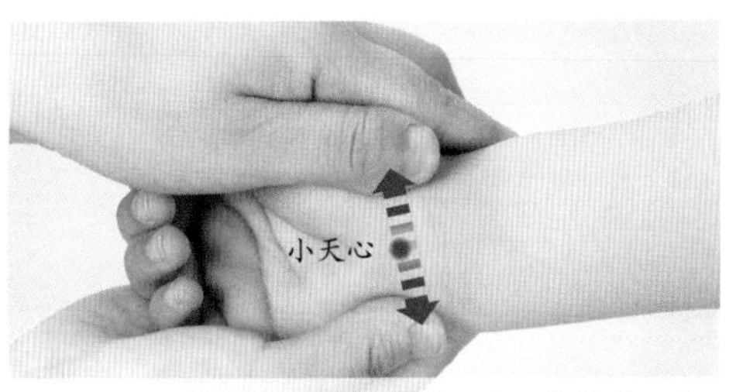

小天心位於手掌根部，大魚際與小魚際相接處，手陰陽穴位於小天心的兩側。

分推手陰陽：以兩手拇指，從小天心沿着大橫紋，向兩側分推 3~5 分鐘。

二馬位於手背無名指與小指掌骨頭之間的凹陷中。

按揉二馬：用拇指按揉 100 次。

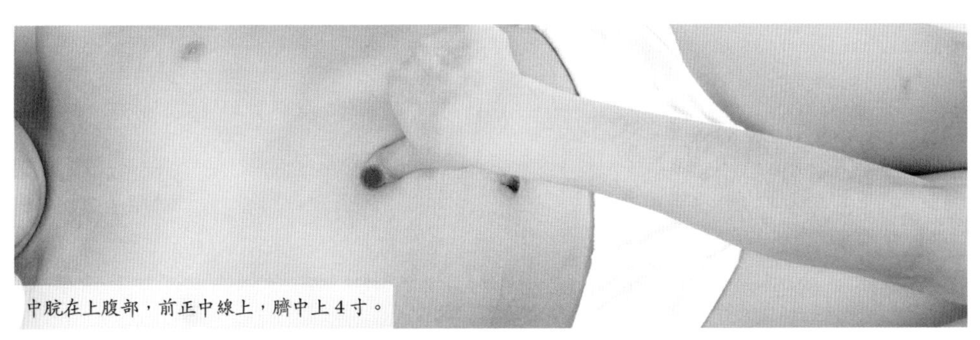

中脘在上腹部，前正中線上，臍中上 4 寸。

5

按揉中脘：用拇指輕輕按揉 30~50 次。

食滯

給寶寶的餐單

如果寶寶出現食滯的症狀，飲食上要以清淡為主，有助減輕腸道負擔，期間最好不要吃生冷食物，即使是水果也要熱一下。等腸道功能恢復以後，再恢復到正常飲食。

山楂紅棗湯

材料：山楂 20 克，紅棗 2 顆，薑片 4 片，紅糖適量。

製法

1. 紅棗、山楂洗淨，去核，切塊。
2. 放入鍋中，加入水，放入薑片，中火煮開；改小火煮 10 分鐘，加入紅糖，攪拌均勻即可。

營養評價：具有消食健胃、補中益氣、散寒的作用。

白蘿蔔炒肉片

材料：白蘿蔔 50 克，豬瘦肉 100 克，葱末、醬油、鹽、芫茜碎各適量。

製法

1. 白蘿蔔、豬瘦肉洗淨，切片。
2. 油鍋燒熱，放入豬瘦肉，炒至發白。加葱碎，倒入醬油，放白蘿蔔片，加鹽；白蘿蔔熟後，撒上芫茜碎即可。

營養評價：白蘿蔔味辛甘、性涼，具有下氣消食的作用。

麥芽山楂蛋羹

材料：雞蛋1個，麥芽15克，山楂20克，生粉、鹽各適量。

適宜症狀
食滯
厭食

製法

1. 山楂洗淨，切片。
2. 放入鍋內，加入麥芽和水，煮1小時左右，去渣取湯汁。
3. 雞蛋打散，生粉用水調成糊狀；將湯汁煮沸，加入雞蛋液及生粉糊，邊下邊攪拌，加適量鹽調味即可。

營養評價：健脾開胃，消食導滯。

冰糖烏梅湯

材料：烏梅、冰糖各30克。

適宜症狀
厭食

製法

1. 將烏梅洗淨，浸泡20分鐘後去核。
2. 將烏梅入鍋，加適量水煮至半熟，然後加入冰糖，熬煮至冰糖完全溶化即可。

營養評價：烏梅味酸性溫，具有收斂生津、開胃助消化的功效。

雞內金粥

材料：雞內金5個，陳皮3克，砂仁2克，粳米50克，白糖適量。

適宜症狀
食滯

製法

1. 將雞內金、陳皮、砂仁研成細碎。
2. 將粳米淘淨入鍋，加適量水煮粥。
3. 在粳米快熟時將上述細碎入鍋一起熬煮至米爛熟，加入白糖即可。

營養評價：本方助脾、健胃、消積，適用於消化不良的寶寶。

山楂紅糖飲

材料：山楂片 30 克，紅糖 20 克。

適宜症狀
食滯
消瘦

製法

1. 將山楂片放入砂鍋內，加適量清水，煮開。
2. 加入紅糖，煮至紅糖完全溶化即可。

營養評價：山楂健脾開胃、消食化滯；紅糖含有維他命與微量元素，如鐵、鋅、錳、鉻等。本品口味酸甜，適宜寶寶飲用。

山楂蘋果羹

材料：山楂 40 克，蘋果半個，白糖適量。

適宜症狀
食滯
食慾不振

製法

1. 山楂洗淨，去核。
2. 蘋果洗淨，去皮去核，切小塊。
3. 山楂和蘋果塊放入鍋中，加入適量清水，大火燒開轉小火熬至湯黏稠，加入白糖調味即可。

營養評價：新鮮的山楂含有維他命 C 等成分，可增進食慾。食用山楂蘋果羹可促進寶寶恢復食慾。

奶香青豆泥

材料：青豆 100 克，白糖 5 克，牛奶 100 毫升。

適宜症狀
厭食
消瘦

製法

1. 鍋中加水燒開，倒入青豆，煮熟後撈起，去皮。
2. 青豆放入攪拌機內，加入牛奶、白糖，打成泥狀即可。

營養評價：奶香青豆泥，風味獨特，營養豐富，含有蛋白質、碳水化合物及多種維他命和礦物質。適合寶寶厭食時食用。

蜜汁西瓜撈

原料：西瓜 100 克，糯米粉 50 克，蜂蜜、白糖各適量。

適宜症狀
食滯

製法

1. 把糯米粉與白糖混合，加水，揉成麵糰；把麵糰搓成小糰子。
2. 燒水，水開後把糯米糰子放水中煮熟，撈出後過冷水瀝乾。
3. 一部分西瓜果肉打成西瓜汁，西瓜汁與糯米糰子混合拌勻；再放入另一部分切成小塊的西瓜果肉，淋上蜂蜜即可。

營養評價：清熱利濕，適合食滯寶寶吃。

脆爽紅白蘿蔔條

材料：白蘿蔔、紅蘿蔔各 50 克，白糖、白醋各適量。

適宜症狀
食滯
腹脹

製法

1. 白蘿蔔、紅蘿蔔洗淨，切細條。
2. 放入容器內，加入白糖、白醋，攪拌均勻即可。

營養評價：蘿蔔中的維他命 B 雜和鉀、鎂等礦物質可促進腸胃蠕動，有助於體內廢物的排除，清脆可口，適合食滯寶寶食用。

紫椰菜沙律

材料：紫椰菜 100 克，紅甜椒 30 克，粟米粒、麻油、橄欖油各適量。

適宜症狀
食滯
不消化

製法

1. 紫椰菜剝去老葉，洗淨，切細條；紅甜椒洗淨切小塊；粟米粒煮熟。
2. 紫椰菜條焯水 1 分鐘，撈出瀝乾。
3. 紫椰菜曬涼後放入容器內，加紅甜椒塊、粟米粒和麻油、橄欖油拌勻即可。

營養評價：紫椰菜有通便、強筋等功效，適合食滯化熱寶寶食用。

與食滯相關的5種常見病

食滯是中醫裏的一個病症

食滯是幼小的寶寶常有的消化失調性疾病。寶寶年齡越小，脾胃越薄弱，如果食滯日久，容易影響脾胃功能，導致免疫力下降，甚至會影響成長發育。

頭痛

有些寶寶頭痛的根本在食滯上，最常見的表現是前額疼。中醫認為前額屬脾胃，兩側屬肝膽，頭頂屬心肺，後腦屬腎。寶寶前額疼，就是脾胃出了問題。

頭痛是寶寶的常見症狀，大多數是功能性，所以寶寶突然出現頭痛時，家長不要驚慌失措。但是頭痛也可能是嚴重疾病的訊號，因此家長不能抱着「頭痛腦熱不是病」的心態而疏忽大意。

怎樣及時發現寶寶頭痛

「頭好痛」，年齡大一些的寶寶會向家長清楚描述自己不舒服的地方，而對於那些表達能力差的幼兒或未懂説話的嬰兒，家長如何及時發現他們的頭痛呢？

一般來說，家長可以通過觀察寶寶的反應，從他們頭痛的「特殊訊號」來作出初步判斷：

1. 抱頭：用手拍頭、扯頭髮、搓頭，臉上露出痛苦的表情。
2. 抓耳撓腮：皺眉頭或高聲尖叫，不敢活動頭部。
3. 煩躁：寶寶表現得很煩躁，一直哭鬧，還可能會發脾氣。
4. 影響正常生活：食慾、睡眠受到明顯影響，甚至出現行為方面的偏差。

寶寶發燒頭痛時能吃止痛藥嗎

寶寶發燒頭痛常見的原因就是感冒，如果十分明確地辨認出寶寶是由於感冒引起的發燒頭痛，可以在醫生的指導下服藥。

寶寶頭痛的原因

除食滯外，引起寶寶頭痛的原因有很多，下面介紹幾種常見的原因。

五官疾病
鼻炎、鼻竇炎、中耳炎、過度使用眼睛。

心理精神因素
寶寶在緊張、睡眠不足的情況下容易頭痛。

腦膜炎
腦膜發炎，會引起頭痛。

腦瘤
腦部出現腫瘤會牽扯腦部動脈和靜脈引起頭痛。

發燒或缺氧
會影響到腦顱內的血管擴張，引發頭痛。

藥物
藥物使用不當可能會導致頭痛。

環境噪音
長時間噪聲的影響易引起頭痛。

頭部外傷
寶寶頭部受傷會引起頭痛。

如何護理頭痛的寶寶

寶寶頭痛時，媽媽應根據寶寶的精神狀態分辨是普通頭痛，還是嚴重沒有恢復跡象的頭痛。如果症狀嚴重，應及時送寶寶去醫院；如果寶寶精神狀態尚好，媽媽則可以幫助寶寶積極恢復。

宜

- 多喝溫水
- 到戶外呼吸新鮮空氣
- 確保充足的睡眠
- 適當的推拿

忌

- 環境閉塞
- 缺乏運動
- 沒有充足的睡眠
- 飲食不規律

小兒肥胖

很多媽媽不理解，感覺自己家的寶寶吃得不多，可怎麼就那麼胖呢？

還有媽媽納悶，為甚麼母乳餵養的寶寶也會肥胖。其實，導致寶寶單純性肥胖的原因有很多，包括遺傳基因，如節約基因，導致一些寶寶更容易肥胖。還有的寶寶在媽媽肚裏就已經開始胖了，一出生就是巨大兒，導致持續性肥胖。

寶寶怎樣才算是胖寶寶

如何簡單判斷寶寶是否已經肥胖？這需要結合寶寶的月齡體重、身高。從直觀上來説，如果感覺寶寶明顯比同齡寶寶胖或重，且奶類或飯量很大，則需要注意寶寶是否已經超重或肥胖。體重超過同性別、同身高正常寶寶均值的20%以上，即可診斷為肥胖症；超過均值20%~29%為輕度肥胖；超過30%~39%為中度肥胖；超過40%~59%為重度肥胖；超過60%為極度肥胖。

如何對患小兒肥胖的寶寶進行護理

肥胖可導致 30 多種疾病，胖寶寶可能患上高脂血症、脂肪肝、高血壓、2 型糖尿病等。肥胖還會導致寶寶反應變慢，大腦變笨，學習成績下降，活動受限，關節變形。

媽媽日常飲食
媽媽要合理安排自己的飲食，寶寶一般喜模仿。

寶寶日常飲食
媽媽需要規範好寶寶的飲食。

運動
加強運動有助於脂肪的消耗。

別濫用抗生素
有損於寶寶身體健康。

別在餐前吃零食
餐前吃零食會增加胃腸負擔。

別不愛運動
缺乏運動不利於脂肪的消耗。

別食用高燒量食物
過多食用高燒量食物會促進脂肪堆積。

小兒夜驚

小兒夜驚是一種幼兒常見的睡眠障礙，生理因素和心理因素都可能導致夜驚出現。主要為睡眠中突然驚叫、哭喊，伴有驚恐表情和動作，以及心率增快、呼吸急促、出汗、瞳孔擴大等自主神經興奮症狀。通常在夜間睡眠後較短時間內發作，每次發作持續1~10分鐘。數分鐘後緩解，繼續入睡。

小兒為甚麼會出現夜驚

1. 大腦尚未發育完善：大腦尚未發育完善，中樞神經系統的抑制部分尤其是控制睡眠覺醒的大腦皮質發育不成熟，對寶寶的睡眠有影響。
2. 心理因素：心理因素佔有一定的比例，包括情緒焦慮、壓抑、緊張不安等。
3. 病理因素：持續的夜驚可能是由病理因素引起的，如大腦發育異常等。

如何護理小兒夜驚寶寶

夜驚一般不需藥物治療，經常發生夜驚的寶寶，家長需要瞭解其心理狀態，疏導焦慮不安。家長也不用過分緊張，但要注意防止因夜驚、夜遊出現的危險，避免意外發生。發作後，要幫寶寶蓋好被子，讓他重新入睡。如反復發作，持續發作，應去醫院排除病理性因素，如癲癇等。

宜

- 養成良好的睡眠習慣
- 排除寶寶的焦慮
- 適當增加寶寶的運動量
- 均衡配搭寶寶膳食

忌

- 打罵刺激寶寶
- 缺乏充足的睡眠
- 營養不均衡
- 缺乏鍛煉

小兒反復呼吸道感染

反復呼吸道感染屬中醫「虛證」範疇。寶寶呼吸系統的發育不夠完善，呼吸道免疫功能比較差，容易受外邪侵襲，反復發病。

反復呼吸道感染是指一年內發生上呼吸道感染的次數超過5次以上，下呼吸道感染次數超過2次以上。反復呼吸道感染常發生在秋冬季，天氣忽冷忽熱，晝夜溫差大，是呼吸道疾病的多發季節。兩次感染的相隔時間至少7天以上，呼吸道每感染一次，免疫力就會受到抑制，恢復正常的時間就會拉長，下次會更容易感染。

小兒反復呼吸道感染的臨床表現

反復呼吸道感染的內因多是病毒感染，會引起呼吸道上皮的剝落或壞死，失去完整的黏膜覆蓋，會給感染製造機會，引起免疫系統功能的暫時性抑制。

反復呼吸道感染的外因是多方面的，與寶寶的成長環境、身體防禦能力等有關。大多起病急，有發燒、鼻塞、流鼻涕、咳嗽等症狀，嚴重伴有嘔吐、腹瀉等。

如何對患小兒反復呼吸道感染的寶寶進行護理

當寶寶患反復呼吸道感染時，應在緩解期進行干預調節，日常生活中做好防護。

增強體質
加強鍛煉，提高免疫力。

空氣流通
定時通風，保持室內空氣新鮮。

加強營養
營養全面，提高免疫力。

適時增減衣物
隨季節變化增減衣物。

別去公眾場合
人多的地方細菌病毒多，易感染。

別濫用藥物
隨意食用激素藥物有損寶寶健康。

別待在封閉環境
生活環境閉塞，易造成細菌病毒感染。

別接觸病原寶寶
會造成病原交叉感染。

小兒盜汗

脾虛的寶寶通常成長發育比正常的寶寶差，並會出現自汗、盜汗的症狀。小兒盜汗是指寶寶睡覺時身上會出汗，當睡醒時就會停止，多發於5歲以下的寶寶。這個階段正是寶寶成長發育最為旺盛。但如果經常大量出汗，就不正常了。

引起小兒盜汗的原因有很多，餵養與護理不當、體質弱的寶寶常常會出現盜汗現象，體內缺乏維他命、久病後體質虛弱的寶寶也會出現盜汗現象。

小兒盜汗的臨床表現

如果寶寶是生理性盜汗，一般不需要藥物治療，可以採取相應的措施。如果寶寶在白天活動量過大，或過多食用高燒量的食物而導致夜間盜汗，可以相應控制寶寶睡前的活動量和進食量，有利於寶寶身心健康。

如果寶寶屬病理性盜汗，應及時送醫院查明病因，對症治療。

小兒盜汗的基本症狀是夜間寶寶大量出汗，有時白天也會出汗，伴有面色蒼白、倦怠乏力、厭食等情況。

如何護理小兒盜汗寶寶

寶寶夜間出現盜汗，要及時查明原因，並給予適當的處理。對於病理性的盜汗，查明病因，及時補充身體缺乏的必須物質。對於生理性的盜汗，媽媽一般採取相應的措施即可。

胃炎
闌尾炎
推拿
腸炎
心煩
氣躁
腹痛
腸套疊
保暖
腸蛔
蟲症
痢疾
腸痙攣
淋巴
結炎

第7章

寶寶腹痛怎麼辦

寶寶肚痛是很常見的問題，有的寶寶過一陣子就好了，有的寶寶被家長帶到醫院檢查，得到的結果可能是要做手術，這是為甚麼呢？其實，寶寶肚痛的原因很多，表現出來的症狀也很多，媽媽需要怎樣辨別與護理寶寶肚痛的情況呢?

關於腹痛 媽媽需要知道的

根據觀察與觸摸做出判斷

實際上，大部分寶寶腹痛並不是甚麼疑難問題。多功能性腹痛一般是由於吃的不合適，或肚子受涼，有的過一段時間就會自癒；有的隨着排便，也會好起來。

寶寶腹痛　媽媽要觀察

1 觀察寶寶的精神狀態：寶寶腹痛時，注意寶寶的精神狀態，如果寶寶能説能笑，則證明寶寶沒有甚麼大問題。如果寶寶沒有力氣説話，不想動，身體蜷縮一起，應及時帶寶寶去醫院治療。

2 觸摸寶寶腹部：寶寶肚痛時，媽媽可以摸摸寶寶肚子，如果寶寶肚子柔軟，沒有堅硬的觸覺，且寶寶不會喊疼，就沒有大問題。如果媽媽一觸摸，寶寶就喊疼，或者哭鬧，肚子摸起來比較硬，這時媽媽便要警惕。媽媽對寶寶肚子軟硬程度沒有合理的判斷，應及時送到醫院就診。

3 腹痛是否反復發作：如果寶寶肚痛過一段時間後就不痛了，媽媽無需太擔心。但有時寶寶肚子反復疼痛，好了一段時間之後又痛，或痛得越來越厲害，媽媽應及時帶寶寶去醫院。

4 行動是否自如：有時寶寶喊着肚痛，但是還可以跑跑跳跳，並不影響正常活動，一般沒甚麼大的問題。

5 其他伴隨症狀：如果寶寶除了肚痛還有其他相應症狀發生，比如發燒、嘔吐或大便帶血等，都應該及時去醫院。

6 寶寶是否發冷：寶寶的抵抗能力未健全，換季節時只能透過行為動作向家人傳遞訊息。有時寶寶着涼會引起腹痛，媽媽可以通過摸肚子感覺寶寶是否應該加衣。同時觀察是否伴隨咳嗽等其他症狀，注意給寶寶保暖。

何時需要就醫

引起寶寶腹痛的原因有很多，媽媽應注意觀察寶寶並採取相應的措施，情況嚴重時要及時就醫。

細菌性痢疾
細菌引起的腸道感染會導致腹痛。

腸痙攣
暴飲暴食等不當行為引起腸壁肌肉收縮。

急性闌尾炎
臍周疼痛，會轉移到右下腹，疼痛持續。

急性闌尾炎
臍周疼痛，會轉移到右下腹，疼痛持續。

腸炎
主要是以臍周為中心的下腹部疼痛。

腸系膜淋巴結炎
腹痛多在右下腹，全腹柔軟。

腸蛔蟲症
不良的飲食衛生習慣所致腹痛。

腸套疊
陣發性腹痛，大便呈果醬樣。

寶寶腹痛　媽媽該做甚麼

寶寶腹痛的原因有很多，從腸道炎症到便秘或着涼都有關，所以媽媽不能單純只依據寶寶肚痛來判斷寶寶得了甚麼病，應結合寶寶的精神狀態來對應。如果寶寶精神尚好，能玩能跳則不用太擔心；如果寶寶精神不振，面色蒼白，媽媽應該及時帶寶寶去醫院治療。

宜

- 辨明腹痛原因
- 飲食清淡
- 多喝溫水

忌

- 吃刺激性食物
- 隨意用藥
- 急於止痛
- 進食太雜

不同年齡階段寶寶腹痛的護理

不同年齡階段寶寶腹痛的護理大多相同，腹痛是一種主觀感覺，媽媽可以根據寶寶的表現採取不同的護理措施。

不一定是肚子裏有蟲

現代生活衞生條件都大有改善，寄生蟲的感染率越來越低。少數寶寶肚痛可能是寄生蟲症的表現，但肚痛的原因有很多，不能直接判斷為寶寶肚裏有蟲，更不能直接給寶寶服用殺蟲藥，而是帶寶寶去醫院化驗治療。

伴隨流感帶來的腹痛

流感季節，身體抵抗力不好的寶寶容易染上流感。除了嗜睡、全身痠痛外，還伴有腹部疼痛，就可能是患上流感了。這種腹痛沒有明顯的疼痛部位，媽媽可以在寶寶肚子上敷熱水袋。

0~3個月

及時就醫，查明嬰兒的腹痛原因。

4~12個月

保持規律的生活習慣，確保充足的睡眠，媽媽不要打亂寶寶休息時間。

護理方法

對於寶寶腹痛，媽媽需要根據寶寶症狀採取相應措施，不能根據感覺盲目判斷。

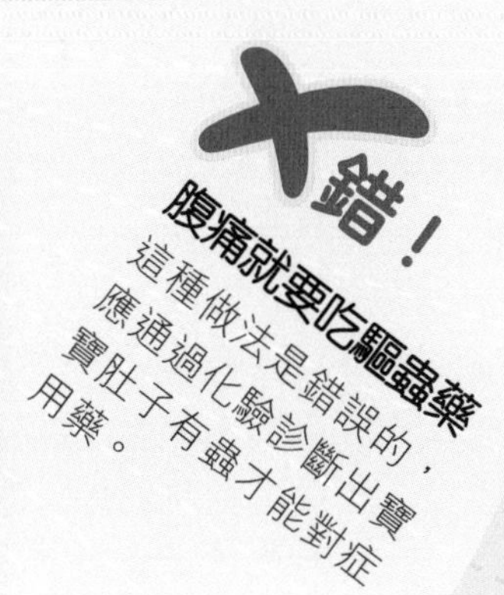

認識謬誤

媽媽喜歡憑直覺對寶寶採取一些護理措施，但有些是錯誤的。

我家寶寶快滿6個月了，腸胃一直不太好，兩次大便化驗結果都是消化不良。請問可以加輔食嗎？

可以等到滿6個月後再開始添加輔食，只要寶寶體重增加是正常的，即使大便中有消化不徹底的殘渣也沒有關係。

媽媽你要知

1. 一般情況下寶寶的腹痛不是甚麼大問題，媽媽注意採取相應的護理措施就能緩解寶寶腹部疼痛。
2. 應該根據寶寶的身體情況和病因採取相應的護理措施，不能盲目地進行。

寶寶腹痛
要認清原因對症治療

積極幫助寶寶緩解腹痛

寶寶腹痛有很多原因，雖然媽媽對寶寶比較瞭解，但一般都沒有醫生那樣的經驗來判斷寶寶身體到底出現了甚麼狀況。那腹痛都是由甚麼原因造成的呢？

寶寶可能發生腹痛的原因

脹氣

胃腸道脹氣多表現為吃完飯後腹部疼痛或者不適，會感到噁心、腹脹、打嗝或者排氣過多，每天腸道殘留氣體過多就會有脹氣的感覺。

脹氣多是由於消化不良、胃腸功能紊亂、喝碳酸飲料或進食大量發酵產氣的食物等造成的。

肚子着涼

寶寶抵抗寒冷的能力沒有成人強，腹部的脂肪比較少，當季節更替或者夜裏睡覺沒注意保暖，容易使寶寶的肚子受涼，腹部疼痛。

盲腸炎

初生寶寶很少見盲腸炎，多見於 5 歲以上的寶寶。會在右下腹有緩慢漸強的疼痛，持續數小時，伴有噁心、缺乏精力等表現。不過有的盲腸炎右下腹疼痛不明顯，需警惕。

寄生蟲

由於衛生清潔問題，被寶寶吃進肚子的寄生蟲在體內繁殖，寶寶會伴有過敏、濕疹等其他症狀。有的體內有蛔蟲的寶寶沒有任何症狀，有的只有輕微的不舒服。

急腹症

寶寶腹部發生絞痛或持續劇烈腹部疼痛並伴隨着嘔吐、臉色蒼白及腹壁僵硬緊繃的疼痛，就可能是急腹症。急腹症是指腹腔內、盆腔、腹膜後組織和臟器發生了急劇的病理變化，從而產生以腹部為主要症狀和體症，同時伴有全身反應的臨床綜合症。常見的急腹症有急性闌尾炎、急性腸梗阻、腸套疊等。

寶寶腹痛時該如何護理

造成寶寶腹痛的原因有很多，媽媽應該辨清原因對症護理。

推拿
由脹氣引起的腹痛，媽媽可以緩慢推拿寶寶腹部。

去醫院
右下腹疼痛並伴有噁心、精神不振。

化驗大便
寶寶肚子有寄生蟲時。

保暖
由着涼引起的腹痛。

別亂推拿腹部
觸摸到寶寶腹部比較僵硬時，不宜推拿。

別心煩氣躁
寶寶哭鬧時，媽媽應及時安撫寶寶。

別濫吃殺蟲藥
在醫生指導下對症用藥。

別懲罰寶寶
情志因素也會引發腸痙攣出現腹痛。

如何緩解寶寶腹痛

對媽媽來説，要準確辨別寶寶腹痛的原因是有些難度，但是也要積極採取應對方法，宜認真查看寶寶腹痛時的反應，視情況而定。若只是一般的腹痛，媽媽可採取簡單的物理療法；若情況比較嚴重，則應及時送寶寶去醫院就診。

宜

- 隨時觀察寶寶的疼痛變化
- 不隨意推拿、熱敷
- 去醫院就診

忌

- 責駡寶寶
- 使勁晃動寶寶身體
- 隨意用藥

腹痛

給寶寶的餐單

寶寶腹痛期間，合理的膳食配搭有利身體的恢復，不能輕易進食刺激性食物。寶寶腹痛的原因有很多，首先應判斷寶寶腹痛的根本原因，在對症治療的同時合理配搭膳食，幫助寶寶全面補充營養。

牛肉羹

材料：牛肉 50 克，紅蘿蔔 20 克，豆腐 30 克，鹽、生粉、植物油各適量。

製法

1. 牛肉洗淨，絞成餡；紅蘿蔔洗淨，切粒；豆腐剁泥。
2. 鍋燒熱，放入適量植物油，將牛肉餡放入鍋中煸炒，然後加入適量清水，放入紅蘿蔔粒和豆腐泥，大火燒開轉小火煮 20 分鐘。
3. 出鍋前倒入適量生粉水勾芡，加鹽調味即可。

營養評價：牛肉富含優質蛋白、血紅素鐵等。這款牛肉羹味道鮮美，營養豐富，益於寶寶消化吸收。

紅棗桂圓粥

材料：紅棗、桂圓乾、粳米、薏米各 25 克，白糖適量。

適宜症狀
腹痛
食慾缺乏

製法

1. 紅棗、桂圓乾洗淨、去核；薏米、粳米浸泡 15 分鐘。
2. 粥鍋加水，放入薏米、粳米和紅棗，大火燒開，轉中小火煮 30 分鐘。
3. 加入桂圓乾，煮至成粥，加白糖調味即可。

營養評價：健脾益胃，溫中散寒，止痛。

蓮子百合紅豆粥

材料：蓮子、紅豆各 40 克，百合 20 克，粳米 60 克。

製法

1. 蓮子去芯，泡軟；紅豆用水提前浸泡；百合和粳米分別洗淨。
2. 砂鍋中加適量水，大火燒開後放入所有材料，用匙子及時攪動，以免黏鍋；蓋上蓋子，大火煮開後轉小火煮 1 小時即可。

營養評價：補脾養陰，緩解腹痛。

五穀糊

材料：紅豆、粳米、小米、粟米粒、花生仁各適量。

製法

1. 紅豆和花生仁提前浸泡 2 小時。
2. 粳米、小米和粟米粒分別洗淨。
3. 將所有材料放入豆漿機中，加入適量清水，按米糊鍵，製作完成即可。

營養評價：五穀糊含有豐富的碳水化合物，容易消化吸收，對於經常腹痛的寶寶，可補充維他命、微量元素。

香蕉乳酪

材料：香蕉 1 根，原味乳酪 1 杯。

製法

1. 香蕉去皮，切成小塊。
2. 與乳酪一起放入料理杯中，打磨至溶化即可。

營養評價：香蕉肉質軟糯、香甜可口、營養豐富，含有的食物纖維可刺激大腸的蠕動，使大便通暢，緩解腹痛。

魚丸小棠菜豆腐羹

材料：魚丸 2 顆，小棠菜 30 克，豆腐 20 克，生粉水、麻油、鹽、葱花各適量。

適宜症狀
腹痛
消瘦

製法

1. 將小棠菜洗淨，切碎；豆腐洗淨，切碎。
2. 水燒開，放入魚丸和豆腐碎，再次燒開，放入小棠菜碎和葱花，倒入生粉水，放入鹽和麻油調味即可。

營養評價：魚丸沒有刺、味道佳；豆腐營養豐富，能為寶寶提供優質蛋白。魚丸小棠菜豆腐羹，將魚肉、豆腐和蔬菜相結合，既營養又美味。

山藥燉羊肉

材料：山藥、羊肉各 100 克，枸杞子、紅棗、鹽各適量。

適宜症狀
腹痛
乾渴

製法

1. 羊肉洗淨切塊，沸水中焯後瀝乾。
2. 山藥削皮，洗淨，切小塊；把山藥塊和羊肉塊放入砂鍋，加適量水，大火燒沸撇去浮沫。
3. 放入枸杞子和紅棗，改用小火慢燉 2 小時，加鹽即可。

營養評價：溫中止痛，健脾開胃。

山藥薏米紅棗粥

材料：山藥、薏米各 30 克，紅棗適量。

適宜症狀
腹痛
厭食

製法

1. 薏米提前浸泡 1 小時，山藥去皮洗淨、切塊，紅棗洗淨。
2. 薏米、山藥塊和紅棗一起放入高壓鍋內，加多於食材 2 倍的水，蓋上蓋子，按煮粥鍵，煮 20 分鐘即可。

營養評價：山藥和紅棗都有健脾止瀉的功效。

小米山藥粥

材料：山藥 45 克，小米 50 克，白糖適量。

適宜症狀
腹痛
睡眠不好

製法

1. 山藥削皮，洗淨，切小塊。
2. 小米洗淨，放入鍋中，加適量水，煮 5 分鐘。
3. 放入山藥塊一起煮，大火煮 5 分鐘，改小火煮 15 分鐘。
4. 放入適量白糖調勻即可。

營養評價：和中利濕，寶寶腹痛時可食用。

冬菇雞肉粥

材料：冬菇 20 克，粳米 100 克，雞肉 50 克。

適宜症狀
腹痛

製法

1. 冬菇、粳米洗淨；冬菇、雞肉切小塊。
2. 粳米放人鍋中，加適量水，大火燒開，小火煮熟。
3. 加入冬菇塊和雞塊，繼續煮 10 分鐘即可。

營養評價：健胃消食，行氣止痛。

芡實薏米山藥粥

材料：芡實、山藥各 25 克，薏米 30 克，粳米 60 克。

適宜症狀
腹痛
腹脹

製法

1. 山藥去皮，洗淨，切塊。
2. 芡實和薏米洗淨，用水浸泡 2 小時，然後倒入鍋中，加水大火煮開後，調成小火煮 30 分鐘；倒入粳米，繼續用小火煮 20 分鐘；加山藥塊煮 10 分鐘即可。

營養評價：健脾益腎固澀，腹痛寶寶可以食用。

與腹痛相關的5種常見病

引起寶寶腹痛的原因有很多

造成寶寶腹痛的原因有很多，小到肚子着涼，大到各種腹部炎症都能令寶寶腹痛，表現症狀也各式各樣。如果媽媽沒有判斷病因的能力，便要及時送寶寶去醫院診治。

小兒腸絞痛

腸絞痛雖然很常見，但至今沒有發現確切的發病原因，多數認為與成長發育有關，隨着年齡增大，發病逐漸減少。而對於父母來説，寶寶得腸絞痛最令人焦慮，特別是當腸絞痛的原因和治療方法不明確的時候。根據研究顯示，有10%～20%的嬰兒曾有腸絞痛的現象，多半發生於3個月以內的嬰兒，並多見於易激動、興奮、煩躁不安的嬰兒。

腸絞痛有甚麼表現

腸絞痛又稱腸痙攣、痙攣性腸絞痛。3個月以下嬰兒腸絞痛的主要表現為陣發性的哭鬧，可大聲哭叫持續數小時。哭時面部潮紅、口周蒼白、腹部脹而緊張、雙腿向上蜷起、足發涼、雙手緊握，直至幼兒力竭、排氣或排便而絞痛終止。

如何應對腸絞痛

媽媽要細心觀察寶寶是否有因其他的需求沒有被滿足而引起哭鬧。例如寶寶肚餓、尿布濕了、鼻塞、環境太冷或太熱，也有的寶寶是睡醒後想要有人抱或找人玩。如果都不是，再考慮寶寶是否為腸絞痛所引起的哭鬧。

可讓寶寶在保暖條件下入睡，常可自癒。可以用暖手推拿腹部，在腹部放置熱水袋以緩解痙攣及排出積氣。

甚麼情況下要去醫院

寶寶如果哭鬧一陣，時間不長，自然恢復正常，吃喝玩不受影響，可先在家觀察，必要時就醫。如果寶寶在哭鬧的過程中還伴有其他病症發生，如發燒、反復嘔吐、臉色蒼白、便血等，應立即就醫。

腸絞痛的原因及注意事項

腸絞痛其實並不是一種病，現將嬰兒腸絞痛定義為：營養充足的健康嬰兒每天哭鬧至少 3 個小時，每週哭鬧至少 3 天，且至少持續 1 周。腸絞痛的原因有以下幾種。

神經發育不成熟
寶寶腸壁的神經發育不成熟，容易造成腸道蠕動不規律。

腹部脹氣
缺少分解食物的消化酶，可能會造成肚子脹氣或疼痛。

不良情緒
媽媽的焦慮和煩躁情緒也會影響到寶寶。

餵奶方式不當
寶寶吸入的奶水過多或過少。

別隨意給寶寶吃止疼藥
應在醫生指導下用藥。

別對寶寶發脾氣
寶寶對環境很敏感。

別餵食太多
寶寶不易消化太多的食物。

別在寶寶哭鬧時用力晃動寶寶
會對寶寶腹部造成傷害。

如何護理腸絞痛的寶寶

患腸絞痛的寶寶，長期反復哭鬧會使媽媽擔心。絞腸痛並不會影響寶寶的正常生長，寶寶長大後在行為發育上與正常寶寶並沒有分別。

宜

- 暫忌食牛奶、雞蛋等
- 避免寶寶肚子着涼
- 多喝溫水
- 可以用溫毛巾熱敷

忌

- 吃得太多太飽
- 餵養姿勢不當
- 沒做好保暖工作
- 環境嘈雜

脾胃不和

中醫認為脾胃是後天之本，吃下去的食物先由胃初步消化，然後由脾進行運化，把食物中的營養物質轉運至全身。人體的生命活動有賴於脾胃輸送的營養，脾胃是人體健康的軸心力量。

寶寶剛出生時脾胃功能是沒有發育成熟的，它要跟着寶寶一起慢慢成長。寶寶處於成長發育的階段，營養與能量的需求相對較大，當家長疏於細心呵護，後天餵養不當容易導致寶寶脾胃不和。寶寶脾胃的情況也取決於遺傳和先天體質的影響。

脾胃不和的臨床表現

脾胃不和可以通過寶寶進食的情況看出來：寶寶食慾不振，吃完不易消化導致食量減少，或伴隨有腹脹、腹痛等表現；嚴重时會有嘔吐、睡覺不踏實等症狀，寶寶會面色暗淡無華、疲倦乏力、厭食或者拒食。

如何對患脾胃不和的寶寶進行護理

寶寶脾胃不和，大多不需要去醫院，媽媽應該在生活作息和飲食上對寶寶做好護理。

飲食
每日飲食要定時定量。

食物的選擇
食物多以容易消化為主。

運動
多鍛煉身體。

補水
多喝溫水，少進冷飲。

飲食別過於油膩
油膩食物加重寶寶腸胃負擔。

飲食別過快
易造成食物堆積，不易消化。

別受涼
注意寶寶腹部保暖。

別吃刺激性食物
易刺激寶寶腸胃。

小兒腸梗阻

一般是由腸管內或腸管外的病變而引起腸內物通過障礙，稱作腸梗阻，多發於小嬰兒。

引起腸梗阻的原因主要有兩種，一種是機械性腸梗阻，是由於腸狹窄、腸套疊、腸扭轉、腸腫瘤等原因造成的；另一種是功能性腸梗阻，是由於重症肺炎、消化不良、腸道感染、腹膜炎及敗血症等引起的腸麻痹所致。

小兒腸梗阻的臨床表現

寶寶發生腸梗阻之後，因為腸內物質堵塞、腸管蠕動紊亂，寶寶會出現腹痛、腹脹、嘔吐或肛門停止排便等症狀。若症狀嚴重，寶寶會有脫水、精神萎靡、煩躁、發燒或嗜睡的表現。若發生腸梗阻，媽媽應立即帶寶寶去醫院治療。

如何對患小兒腸梗阻的寶寶進行護理

由於小兒腸梗阻發病原因不同，因而治療措施也有所不同。對於患小兒腸梗阻的寶寶，媽媽應該及時送醫院進行專業檢查，根據醫囑對症治療。在治療期間，媽媽應該幫助寶寶做好相關護理，加強營養補充，以緩解疾病給寶寶帶來不適。

宜

- 積極鼓勵寶寶
- 讓寶寶放鬆心情
- 給腸胃減壓

忌

- 吃刺激性食物
- 飲食過量
- 吃飯時過快
- 喜歡吃零食

小兒闌尾炎

闌尾是細長彎曲的盲管，在腹部的右下方，位於盲腸與回腸之間，它的根部連於盲腸的後內側壁，遠端游離並閉鎖。闌尾尖端因人而異，可指向各個方向。

闌尾是回腸與盲腸交界處的一條蚯蚓狀突起，有時會發炎，就叫闌尾炎。人們往往把闌尾炎又叫盲腸炎，其實闌尾與盲腸是兩種不同的生理器官，闌尾緊挨着盲腸。

闌尾炎是腹部的常見病、多發病，大多數患者及時就醫，能獲得良好的治療效果。闌尾並不是任何作用都沒有，它可以幫助抑制具有潛在破壞作用的體液性抗體反應，同時能夠提供局部的免疫作用，因此不要輕易切除闌尾。

小兒闌尾炎是常見的急腹症，發病率較成人低，症狀較不明顯，但容易發生穿孔、壞死、腹膜炎等症狀，應及時治療，否則會對寶寶身體健康造成危害。

小兒闌尾炎的臨床表現

寶寶患闌尾炎時表現為腹痛、發燒、嘔吐等，應及時就診或留院觀察。

如何對患小兒闌尾炎的寶寶進行護理

寶寶患病之後通常會對日常生活造成極大的影響，媽媽要及時為寶寶做好護理。

積極心態
緩解寶寶心理壓力。

緩慢搖晃寶寶身體
幫助寶寶減輕疼痛。

及時量體溫
及時掌握寶寶體溫升降情況。

藥物治療
按照醫囑及時給寶寶用藥。

別焗着
開窗通風，保持空氣流通。

別進食油膩
會增加腸胃負擔。

別吃刺激性食物
會刺激寶寶腸胃。

別過量運動
易引起寶寶身體不適。

小兒急性胃腸炎

小兒急性胃腸炎多是由細菌、病毒感染引起的胃腸道急性、彌漫性炎症。多是由於寶寶吃了不乾淨的食物或環境不衛生所造成。小兒急性腸胃炎是一種常見的消化道疾病，寶寶胃腸功能發育不足，對外界的感染抵抗力比較差，容易發病。多發生於秋季，起病急，常在 24 小時內發病，一般 2~5 天就可恢復。

寶寶患小兒急性胃腸炎的原因有很多，如寶寶患病時不合理地使用抗生素等，會造成黴菌對胃腸的侵犯，特別是致病性大腸桿菌是主要的致病菌；媽媽不合理地餵養，寶寶吃得過多或過少，突然改變食物種類或突然斷奶，也會導致寶寶患上此病。

小兒急性胃腸炎的臨床表現

急性胃腸炎可分為急性胃炎、急性腸炎與急性胃腸炎，表現為噁心、嘔吐，最基本的表現為腹痛、腹瀉，一日可瀉數次甚至達到 10 次。

如何對患小兒急性胃腸炎的寶寶進行護理

如果症狀較嚴重，媽媽應及時送寶寶去醫院進行專業治療。在寶寶患病期間，媽媽應該做好日常護理，以緩解寶寶不適。

宜

- 定時定量餵養寶寶
- 保持空氣清新
- 定時清潔居家衛生
- 多喝水

忌

- 飲食過多
- 亂吃食物
- 不注意保暖
- 濫用藥物

過敏
餵養
污染
食物
細菌
粉塵刺激
盲目用藥
濕疹膏
熱水燙洗
潤膚霜
激素藥膏
配方奶

第8章

寶寶過敏怎麼辦

剛出生的寶寶抵抗力較差，會因為各種意想不到的原因引起過敏。從出生後的第一口奶到環境中的粉塵等，都有可能引起寶寶的不適。媽媽不能因為要保護寶寶而不讓寶寶接觸外界環境，重要的是如何做好預防和護理。

關於過敏 媽媽需要知道的

最根本的方法是避免過敏原

很多寶寶出生不久就有滿臉的濕疹，癢得難受，晚上睡不好，只想撓癢，臉都抓破了，以後可能還會轉為其他過敏問題，如哮喘或過敏性鼻炎等。這是為甚麼？應該如何預防？

母乳餵養最能預防過敏

母乳並非無菌，而是含有一定數量的益生菌，通過乳汁傳遞給寶寶。母乳含有的正常菌群定植於寶寶的腸道，可以發揮免疫調節功能。母乳含有大量的細胞因子，能夠調節免疫，從而降低寶寶發生過敏的風險。母乳含有分泌型免疫球蛋白，它能夠與大分子物質結合，附着在腸黏膜表面，阻止大分子物質透過腸黏膜。

嬰兒期過敏易引起往後敏感病

很多寶寶有輕度到中度的過敏，臉上或身上會出現皮炎，家長往往並不在意，覺得寶寶有點濕疹不礙事。還有家長並不知道寶寶是過敏，認為只是發燒引起。看到寶寶往身上亂抓甚至抓破了，才明白寶寶是「癢」！其實，寶寶過敏，遠不止癢。

過敏是常見的慢性疾病之一。從嬰兒期開始，可能會伴隨終生。不僅會增加疾病負擔，還會影響個人的生活質素。雖然醫學及科技已經相當發達，但對於過敏的發病機制研究還未夠透徹。很多過敏性疾病如哮喘、過敏性鼻炎等能夠控制，卻無法根治。

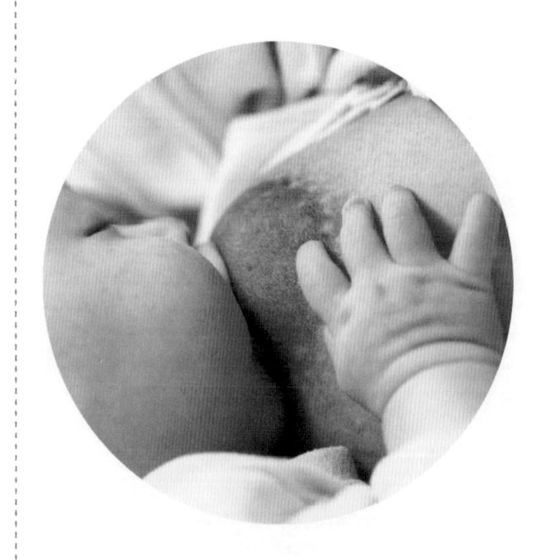

導致寶寶過敏的因素

有研究表明，如果父母有過敏史，寶寶患過敏的機率高於其他寶寶，但並不意味着寶寶一定會過敏。

父母有過敏
一位家長是過敏體質，寶寶患過敏的機率為20%~40%。

配方奶餵養
寶寶初期進食嬰兒配方奶。

接觸的細菌少
家裏經常使用消毒劑或抗生素。

環境污染
寶寶經常吸二手煙。

食物
過早添加輔食。

粉塵刺激
過早地接觸花粉、毛絨玩具等。

食物複雜
寶寶腸胃適應能力不強。

餵養方式
第一口奶非母乳。

如何預防寶寶過敏

寶寶過敏與生活習慣有着不可分割的關係，預防寶寶過敏要從媽媽懷孕期間就做好準備，過敏與媽媽的健康及寶寶出生後的餵養有關。在日常生活中，媽媽應幫助寶寶保持良好的生活習慣，預防寶寶過敏。

宜

- 寶寶第一口奶應是母乳
- 避食過敏食物
- 合理使用抗生素
- 合理使用益生菌

忌

- 吸二手煙
- 過早添加配方奶粉
- 頻繁使用抗生素
- 無醫學指證的剖宮產

不同年齡階段寶寶過敏的護理

當寶寶免疫系統對來自空氣、水源、食物中的天然無害物質出現過度反應時，就可以視為出現了過敏。

導致過敏的原因

導致過敏的原因除了來自外界可接觸的東西之外，也有人體自身的原因。有些寶寶是過敏體質，過敏體質的寶寶大多是遺傳的，是指寶寶身體的免疫系統存在缺陷，異於常人，在相同情況下有的寶寶過敏，而有的寶寶則不過敏。

食物過敏

食物是人類賴以生存的物質之一，可給人體提供能量和各種營養，但有些對食物過敏的寶寶，在進食某種食物後免疫系統出現異常反應，有時甚至會導致休克或死亡。並不是所有食物進入人體後都會出現異常情況，免疫系統不健全的寶寶可能會出現食物過敏。

0~3個月

確保寶寶出生的第一口食物是母乳，確保哺乳期媽媽的健康。

4~12個月

堅持母乳餵養，不要過早添加輔食。

1~3歲

保持寶寶的生活環境和所接觸的物件的衛生清潔。

護理方法

不同年齡階段寶寶過敏的護理方法大多相同，遠離過敏原，讓寶寶健康成長。

認識謬誤

媽媽在寶寶過敏問題上還存在一些謬誤。

寶寶2個月，早產兒，這兩天寶寶眼周圍開始起疹，請問是濕疹嗎？要抹東西嗎？

可能是過敏了，另外，寶寶這個時候過敏，可能是食物過敏，也可能與其他因素有關。最好去看看醫生。

媽媽你要知

1. 媽媽要確保寶寶的第一口食物是母乳。
2. 寶寶過敏時應盡可能回避過敏原，同時在醫生指導下服用活性益生菌糾正寶寶免疫系統。
3. 媽媽的過敏原並不是寶寶的過敏原，所以寶寶不能肯定一定是過敏體質。

那些易引起寶寶過敏的東西

過早添加輔食易致食物過敏

過敏是人體一種機體的變態反應，當一些外來物進入人體後，人體免疫系統產生了過度反應，將外來的正常物體當作有害物質，因而產生排斥。

食物過敏

食物過敏是指我們食用某些食物後，由於身體的免疫系統發生過激的免疫反應，導致身體出現各種症狀。一般表現在皮膚、呼吸道、腸胃等方面，會出現咳嗽、嘔吐、口腔痕癢、腹瀉、蕁麻疹、腹痛等一系列症狀，嚴重時可能會窒息。

環境過敏

有時寶寶一上床或是一進入某一個特定的環境就會引發咳嗽，或者身體會出現紅斑，這可能與環境過敏有關，長時間未清洗的地毯或床單被子，往往積累了塵蟎，抵抗力未發育完全的寶寶常常會塵蟎過敏。對環境過敏的寶寶，家中不宜有地毯、毛絨玩具等。

瞭解寶寶過敏的環境，並做好相應防護措施，可以在醫生的指導下幫助寶寶解除過敏，而不能自己隨意使用抗生素等藥物。

花粉過敏

春暖花開的時候，家長帶寶寶去郊外遊玩，有的寶寶吸入花粉之後，會產生過敏反應，而過了開花季節，寶寶則很少出現過敏情況，這正是花粉過敏。

花粉過敏很容易引起打噴嚏、面部痕癢、呼吸困難或蕁麻疹等狀況發生。在春季來臨之前，媽媽可以提前為寶寶做好防護工作。

怎麼查找過敏原

當懷疑寶寶存在過敏情況時，可以停止給寶寶食用懷疑的食物或遠離懷疑過敏的環境，如果寶寶的過敏症狀明顯改善，可以再給寶寶食用或接觸被懷疑的食物和環境，若寶寶的過敏情況再次發生，便可確定那是寶寶的過敏原。

哪些食物容易造成過敏

不是所有的食物進入寶寶體內都會引起過敏，有哪些食物容易引起過敏呢？

牛奶蛋白過敏
主要累及皮膚、消化和呼吸系統。

雞蛋過敏
媽媽過早地給寶寶吃雞蛋。

海鮮過敏
過早地添加海鮮食品。

大豆過敏
大豆這類不好消化的食物往往會引起相應的過敏。

柑橘類過敏
媽媽應該少量添加柑橘類輔食。

乾果過敏
花生、腰果等比較容易引起過敏。

牛、羊肉過敏
先嘗試添加雞肉。

種子類食物過敏
包括芝麻、小麥等。

食物過敏怎麼做

寶寶出生的第一口食物應該是母乳，寶寶年齡小的時候應以母乳餵養為主，添加輔食的月齡不要太早，添加輔食的種類不要太多、太雜，應循序漸進。如果寶寶還是會產生食物過敏，媽媽不要氣餒，應幫助寶寶做好相應護理。

宜

- 堅持母乳餵養
- 遠離過敏食物及其製品
- 合理選擇抗過敏藥物
- 食用其他營養物質

忌

- 太早添加輔食
- 食物繁雜
- 吃刺激性食物
- 接觸過敏原

過敏

給寶寶的餐單

容易導致過敏的食物有牛奶、雞蛋、花生、堅果、魚、大豆、小麥等，約佔食物過敏的95%以上。嬰兒最常接觸和最易致敏的食物抗原是牛奶，大多數普通奶粉是由牛乳改進而來的。由於羊奶和牛奶有交叉蛋白抗原，對牛奶過敏的寶寶對羊奶很可能也過敏。

粳米粥

材料：粳米30~50克。

製法

1. 粳米洗淨，放入鍋中。
2. 加入適量清水煮成粥即可。

營養評價：粳米容易消化吸收，一般不容易過敏，可以作為嬰兒輔食之一。對市售嬰兒米粉過敏的寶寶，可以自製米粉作為滿6個月以上的輔食，7個月以上可以逐步嘗試米粥。但需要注意肉類等食物的添加，必要時可補充複合營養素來作寶寶發育的需要。

馬鈴薯粥

材料：馬鈴薯、粳米各50克。

適宜症狀
過敏
胃燥

製法

1. 馬鈴薯去皮，清洗乾淨，切成小塊。
2. 加適量水將馬鈴薯塊和粳米共煮成粥即可。

營養評價：馬鈴薯味甘、性平，具有健脾和中，益氣調中的功效，此粥適於過敏寶寶食用。

番茄肉碎麵條

材料：肉碎 10 克，番茄半個，麵條 50 克，鹽適量（1 歲以內不加鹽）。

適宜症狀

過敏

製法

1. 番茄洗淨，切小塊。
2. 油鍋燒熱，將肉碎和番茄塊炒一下，加入適量清水，大火燒開。
3. 放入麵條煮熟，加鹽調味即可。

營養評價：番茄含豐富的維他命、礦物質，配搭上含有高蛋白質的肉碎，有益於寶寶飲食均衡。

參苓粥

材料：太子參、茯苓各 10 克，薑片 5 克，粳米 120 克。

適宜症狀

過敏

食慾缺乏

製法

1. 將太子參切薄片，茯苓搗碎泡半小時，加薑片和水熬汁。
2. 取藥汁 2 次，加粳米同煮成粥即可。

營養評價：能益氣補虛，健脾養胃。可緩解過敏引起的食慾不振、反復嘔吐。

杏仁豬肺粥

材料：杏仁 10 克，豬肺 50 克，粳米 60 克，葱花適量。

適宜症狀

過敏

咳嗽

製法

1. 杏仁去皮，洗淨。
2. 豬肺洗淨，切塊，放入鍋內汆出血水後，用水漂洗乾淨。
3. 將洗淨的粳米與杏仁、豬肺塊一起放入鍋內，加適量水，大火煮沸轉小火煮成粥，撒上葱花即可。

營養評價：能提升寶寶免疫功能，對過敏性咳嗽等呼吸系統疾病有一定的緩解作用。

山藥扁豆粥

材料：白扁豆 15 克，粳米、山藥各 30 克，白糖適量。

適宜症狀
過敏
腹瀉

製法

1. 先將山藥洗淨，去皮切片。
2. 鍋內加適量水，煮至粳米、白扁豆半熟；加入山藥片煮成粥，加白糖即可。

營養評價：益氣健脾，調中固腸。適合於大便不成形、次數多的寶寶。

菊花粥

材料：菊花、桑葉各 15 克，粳米 60 克。

適宜症狀
過敏
上火

製法

1. 將菊花、桑葉加水熬煮，去渣取汁。
2. 將粳米放入汁液中，煮粥即可。

營養評價：適合於在夏天易患過敏性鼻炎的寶寶，此方不但有緩解鼻炎的作用，且有助清火。

參棗糯米飯

材料：糯米 100 克，黨參 5 克，紅棗、白糖各適量。

適宜症狀
過敏
乏力

製法

1. 糯米洗淨，加適量水。
2. 放入紅棗、黨參，蒸成飯，食用前加入適量白糖即可。

營養評價：具有健脾益氣作用，適用於過敏的寶寶。

黃芪燉雞

材料：雞肉 150 克，黃芪 15 克，紅棗 3 顆，枸杞子 10 克，葱段、薑片、鹽各適量。

適宜症狀
過敏
睡眠不好

製法

1. 雞肉切塊，加水，大火煮開，撇浮沫。
2. 放入黃芪、紅棗、葱段和薑片，加蓋，大火煮至上氣後轉小火燉 1 小時，起鍋前加枸杞子和鹽，煮 5 分鐘即可。

營養評價：補氣健脾，益肺止汗。能增強體質，抗病毒，預防寶寶過敏。

核桃粥

材料：粳米 100 克，核桃仁 10 克。

適宜症狀
過敏
煩躁

製法

1. 粳米淘洗乾淨；核桃仁洗淨，拍碎。
2. 粳米、核桃仁碎放鍋內，加入適量的水，煮熟即可。

營養評價：溫陽健脾，納氣歸腎。

板栗燒雞

材料：雞腿 100 克，板栗 20 克，老抽、生抽、鹽各適量。

適宜症狀
過敏

製法

1. 雞腿剁塊，板栗剝殼；炒鍋放油，五成熱時放雞塊。
2. 加開水，燜 10 分鐘；加入板栗，繼續燜 15 分鐘；加入老抽、生抽、鹽，加熱至湯汁略少即可。

營養評價：溫陽補虛。

與過敏密切相關的5種常見病

寶寶過敏要提前做好防護

一般的過敏往往皮膚會出現紅斑、紅疙瘩，伴有咳嗽、嘔吐等症狀，媽媽只需幫助寶寶避開過敏原即可。嚴重的過敏會引起蕁麻疹、濕疹等常見病。

濕疹

濕疹是寶寶常見的皮膚病，多於嬰幼兒時期發病，近一半發生在6個月以內，俗稱「奶癬」，好發於髮際、面頸、四肢屈側、陰囊，嚴重時累及全身。

濕疹主要表現為皮膚上出現紅色小米粒樣皮疹或皰疹，糜爛後有滲出液，乾燥後結痂，痂皮脱落後露出紅色潮濕的表皮，劇烈瘙癢，寶寶時常哭鬧不安、搔抓摩擦，破潰處容易併發感染。有過濕疹的寶寶以後相對容易發生其他過敏性疾病，如哮喘、過敏性鼻炎、過敏性結膜炎等。

濕疹與過敏的關係

嬰幼兒濕疹與過敏有密切聯繫，或者可以直接説引起濕疹的主要誘因就是過敏。寶寶的消化道屏障和皮膚屏障發育不全，很容易對一些食物、外界氣候或環境因素產生過敏反應，進而誘發濕疹。

濕疹可以自癒嗎

寶寶有濕疹，家長一定要相信，只要堅持正確的治療方法，避免誘發濕疹的各個因素，隨着寶寶自身免疫功能的逐漸完善，大部分濕疹是可以自癒。但也有少數寶寶到後期會轉成慢性濕疹，導致濕疹反復發作，甚至到了成年仍受其困擾的地步，嚴重影響生活質素。

乾性濕疹與濕疹的區別

寶寶不肯入睡，渾身亂抓或磨蹭，但身上並沒有發現皮疹或紅斑，這時要考慮是否乾性濕疹。乾性濕疹主要由皮膚水分脱失、皮脂分泌減少引起，多見於冬季。表現為皮膚乾燥、有較細的裂紋，多發於四肢。如果懷疑寶寶是乾性濕疹，媽媽切忌不要過度、頻繁地給寶寶洗澡，不要使用香皂等刺激性用品，洗完澡後要及時使用潤膚霜，保護皮膚水分不被蒸發。

濕疹的不同護理方式

治療濕疹沒有一套「萬能公式」，媽媽要根據寶寶濕疹的程度和階段來作合理選擇用藥。

注意飲食即可
適用於範圍很小、症狀較輕的濕疹。

使用激素藥膏
局部皮膚破潰，出現滲水、滲血、紅腫等情況。

使用濕疹膏
皮膚完全不滲水時。

使用潤膚霜
皮膚紅腫現象有所好轉後。

別用肥皂洗
對皮膚是一種化學性刺激。

別吃刺激性食物
會使濕疹加重或復發。

別用熱水燙洗
會加重過敏，使紅腫更嚴重。

別盲目用藥
濕疹病程較長，易反復發作，應積極配合醫生治療。

如何護理濕疹的寶寶

患濕疹的寶寶皮膚比健康寶寶更敏感，媽媽不應該按照正常寶寶的需求來照顧患濕疹的寶寶，因此在穿衣、飲食等方面都要做好護理，避免環境對寶寶造成傷害。若情況嚴重，應及時送寶寶去醫院就診。

宜

- 儘量選擇寬大鬆軟的純棉衣服
- 居室環境保持乾淨整潔
- 堅持母乳餵養
- 清淡飲食

忌

- 穿衣過厚
- 隨意抓撓傷口
- 飲食過於油膩
- 接觸過敏原

過敏性蕁麻疹

蕁麻疹也叫風疹塊，是很常見的皮膚病，反復發作是其特徵。有 15%~20% 的人至少發生過 1 次。皮疹為暫時性風團，常在數小時內消失，伴有劇烈痕癢，可累及皮膚和黏膜。

引起蕁麻疹的原因有很多，常見原因有食物過敏、藥物過敏、感染、吸入物、物理因素、精神因素、內分泌因素和遺傳因素等。

嬰兒蕁麻疹能自癒嗎

嬰兒蕁麻疹分為急性和慢性。嬰兒急性蕁麻疹，在避免過敏原之下，有時可以自癒，一般來講，急性蕁麻疹比較易治。嬰兒蕁麻疹和過敏性體質、胃腸道功能失調有一定關係。有的寶寶腸胃功能失調，母乳餵養的媽媽應減少攝入肥甘厚膩。對於過敏性體質寶寶，應查明過敏原，讓寶寶儘量避免接觸確定的過敏原，這樣才能痊癒。總之，越早明確嬰兒蕁麻疹患病的原因，針對病因給予相應的干預措施，一般預後良好。

區別慢性蕁麻疹與急性蕁麻疹

蕁麻疹發作的急性期大多只需要使用對抗過敏反應的藥物治療，大部分的蕁麻疹會在 48 小時以內緩解。少數蕁麻疹會反復發作，當寶寶皮疹持續發作超過 6 周的時候，就稱為慢性蕁麻疹，需要長時間治療。

如何護理患蕁麻疹的寶寶

急性蕁麻疹一般於短期內即可治癒，而反復發作的慢性蕁麻疹需要去醫院進行專業治療。在日常生活中，媽媽都要做好相關護理。

睡眠
確保充足的睡眠。

運動
適當運動，增強機體免疫力。

飲食
宜清淡飲食。

保暖
做好保暖工作，別着涼。

別隨意吃藥
有損寶寶身體健康。

別有心理障礙
保持積極心態會促進寶寶病情恢復。

別甚麼都忌口
寶寶需要補充營養。

別不積極治療
會對寶寶身體造成損害。

手足口病

手足口病是由多種腸道病毒引起的傳染病。常見的有腸道病毒 71 型(EV71)和 A 組柯薩奇病毒、埃可病毒等。以嬰幼兒發病為主，兒童和成人感染後多不發病，但能傳播疾病。大多數寶寶症狀輕微，發燒，手、足、口等部位出現皮疹或皰疹。少數寶寶可併發中樞神經系統、呼吸系統損害，引起腦炎、腦膜炎、神經麻痹、肺水腫、心肌炎等。個別重症寶寶病情進展快，甚至導致死亡。

此病可以經過胃腸道傳播，也可以通過呼吸道傳播，如果接觸寶寶的口鼻分泌物、皰疹液、污染過的物品也可以傳播。

手足口病有後遺症嗎

手足口病大多為輕型病例，有自限性約 1~2 周，一般預後良好，經過積極治療和護理會痊癒，沒有後遺症。但仍有極少數的寶寶會出現重型的感染，父母一旦發現寶寶出現發燒、皮疹等症狀，就要儘快到醫院就診。

如何護理手足口病的寶寶

輕症患病的寶寶不必住院，宜居家治療、休息，需要媽媽幫助寶寶做好日常護理。症狀嚴重的寶寶，應及時就醫。在治療期間，媽媽也應在醫生的指導下對寶寶進行專業護理。

宜

- 開窗通風，保持空氣流通
- 多喝溫水
- 飲食清淡
- 經常換洗衣物，保持衛生清潔

忌

- 經常進入公共場合
- 居住環境閉塞
- 進食刺激性食物
- 隨意抓破皮疹

過敏性鼻炎

過敏性鼻炎是兒童常見的變態反應性疾病，臨床以鼻癢、陣發性噴嚏、大量水樣鼻涕和鼻塞為主要症狀，屬中醫學「鼻鼽」的範疇。

過敏性鼻炎是引發哮喘的一項重要危險因素。持續的鼻部症狀可對寶寶的記憶力、注意力和睡眠造成持久影響，給寶寶和家長帶來很多苦惱，嚴重影響生活質量。

過敏性鼻炎的臨床表現

患有過敏性鼻炎的寶寶會出現以下症狀：

1. 鼻癢：是患過敏性鼻炎的先發症狀，除鼻癢外，還伴隨有咽喉、眼、耳朵等部位的發癢症狀。
2. 流鼻血：過敏性鼻炎寶寶會有陣發性噴嚏，每天數次陣發性發作，會不自覺流清鼻涕，有時會流出少量鼻血或鼻涕帶血絲。
3. 嗅覺減退：過敏性鼻炎發作時嗅覺減退得較為顯著，發作間期嗅覺會恢復正常。
4. 頭痛：偶爾會伴有輕微的頭痛。
5. 鼻塞：由於鼻黏膜發生水腫，加上分泌物阻塞，就會出現鼻塞。若過敏性鼻炎發作時間過長，有形成鼻息肉的可能，會使鼻塞加重。

如何護理過敏性鼻炎的寶寶

寶寶患過敏性鼻炎時，媽媽可以帶寶寶找醫生專業治療，也要在家做好日常護理。

穴位推拿
緩慢推拿鼻部兩側穴位。

經常通風
保持空氣清新。

按時睡覺
保證睡眠充足。

補充水分
適量喝果汁補充維他命，並多喝溫水。

別養寵物
動物皮毛容易引發過敏。

別去公共場所
空氣不流通，加重過敏反應。

別吃易過敏的食物
會加重寶寶炎症。

別吃刺激性食物
不利於炎症恢復。

水痘

水痘由水痘帶狀皰疹病毒引起，是傳染性極強的常見出疹性傳染病。水痘全年均可發生，在冬春季較為多見，寶寶半歲至2歲時最容易被傳染。水痘主要通過空氣中的飛沫傳播，還可以通過接觸寶寶皰疹內的皰漿以及衣服、玩具等而傳染。90% 以上未出過水痘的寶寶感染病毒後會發病，一次感染後可獲終身免疫。

水痘的病原體是水痘——帶狀皰疹病毒，僅對人有傳染性，存在於患者皰疹的皰液、血液和口腔分泌物中，人群容易感染。對於沒有接種過水痘疫苗的寶寶都有可能被傳染水痘病毒。

得了水痘會有哪些反應

寶寶在起病初期會有類似感冒的症狀，有的寶寶沒有任何不適症狀，而有的首先出現皮疹。皮疹先在軀幹出現，逐漸延及頭面部和四肢，呈向心性分佈，即軀幹多、面部四肢較少、手足更少。初起為粉紅色針尖大小的斑丘疹，數小時後變成透明飽滿綠豆大小的水皰，周圍繞以紅暈。

如何護理患水痘的寶寶

一般來講，12 月齡至 12 周歲未感染過水痘、也沒有接種過水痘疫苗的寶寶，接種一次水痘疫苗就可對水痘產生足夠的免疫力，達到預防疾病的效果。而對患水痘的寶寶，媽媽可以做好相關護理。

宜

- 注意清潔衛生
- 關注寶寶體溫
- 多喝溫水
- 可以給寶寶淋浴

忌

- 去公共場所
- 接觸其他水痘寶寶
- 吃刺激性、油膩食物
- 搔抓皮膚

換牙
甜食
主食偏軟
生氣
牙齒
清潔口腔
硬物
牙刷
摩擦牙齦
牙膏
恆齒
乳齒

第9章

寶寶牙齒不要忽略

從乳齒到恆齒，人的一生只有一次換牙的機會，一口漂亮的好牙不僅好看，也能給寶寶帶來自信。牙齒的護理要從寶寶長乳齒時開始，乳齒的生長會影響恆齒的生長，所以不能忽略其中的任何環節。幫助寶寶長好牙齒是非常重要。

關於長牙和換牙媽媽需要知道的

每個寶寶長牙速度不同

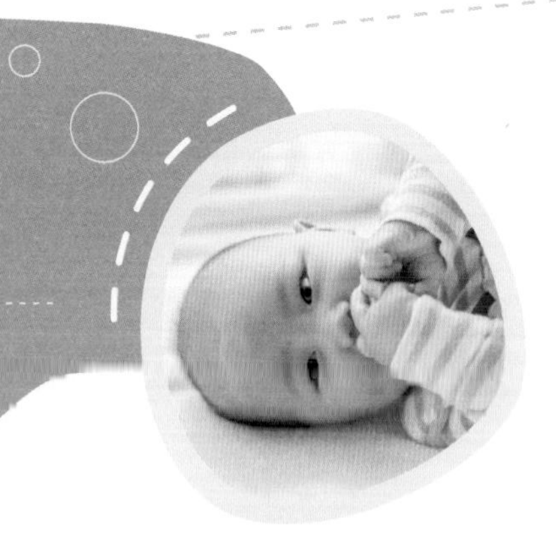

一般寶寶會在 6~10 個月時長出第一顆門牙。在 3 歲左右，所有的乳齒都應該長出來了。長牙有早有晚，媽媽不用太過擔心，只要寶寶的生長發育與平均值相差不大，就沒有甚麼問題。

乳齒萌發的順序

寶寶一般會在 6~10 個月大長出第一顆門牙，有的寶寶可能在 4 個月就開始，有的寶寶 1 歲後才開始，只要寶寶健康便不用擔心。寶寶最先萌出的牙齒一般是下邊靠中間位置的兩顆門牙，等下邊兩顆門牙長出來後上面的兩顆門牙會長出來，然後兩邊的牙齒會按照從前向後的順序，相繼長出來。一般左右位置對稱的牙齒會同時長出，往往下面的牙齒長好後才長出上面的牙齒。而從前到後生長的順序中，一般位於第四位的第一顆乳磨牙會比第三位的尖牙更早萌出。

寶寶乳齒上下加起來總共有 20 顆，從中間的門牙向兩側生長的乳牙名稱依次為：乳中切牙，乳側切牙，乳尖牙，第一乳磨牙，第二乳磨牙。上下左右分別對稱。

寶寶牙齒的萌出存在個體差異，但整體生長趨勢符合規律。受遺傳、生活環境等因素影響，有個別牙齒的生長會不同於乳牙萌發順序，媽媽不用太擔心。

甚麼是恆齒

一般寶寶 6 歲時，第一恆磨牙會最先長出，乳齒就開始脱落，恆齒就是一生都不會再被替換的牙齒。

寶寶最先長出來的 20 顆牙齒是乳齒，在每顆乳牙牙根下方會有一顆恆齒胚正在發育長大，乳齒脱落，恆齒會取代乳齒的位置。

整個換牙期間，是寶寶保護牙齒的重要時期，第一顆恒磨牙會對寶寶頜面部的生長有定位與定高的作用，對其他恆齒的生長與排列也有很大的影響。在長久的換牙期間，媽媽要注意修正寶寶的不良習慣，讓寶寶長出一口漂亮的恆齒。

寶寶長乳齒時媽媽該怎麼做

寶寶長出第一顆乳齒的時間有早有晚，與寶寶的成長發育有關，一般會在 6~10 個月。寶寶長牙期間，媽媽應做些甚麼？

清潔口腔
每天堅持用紗布清洗寶寶口腔。

摩擦牙齦
緩解寶寶出牙時的牙齦不適。

給予寶寶更多的安慰
寶寶出牙時會有睡眠不穩、磨牙床等不適。

時常擦拭寶寶面部
出牙前2個月左右，大多數寶寶會流口水。

別不注意清潔
長牙的寶寶會把手中的玩具送進嘴裏。

別不注意保暖
長牙時寶寶抵抗力會下降，天冷時注意保暖。

別對寶寶生氣
寶寶出牙時可能會煩躁不安。

別讓寶寶咬硬物
會引起牙齦出血。

換牙期間如何護理

換牙是一個漫長的過程，如果寶寶生活習慣不好，會導致牙齒出現各種問題，媽媽應該幫助寶寶做好日常護理，確保寶寶長出一口好牙。

宜

- 注意預防和治療乳磨牙齲病
- 注意口腔衛生
- 多吃水果蔬菜
- 多吃耐嚼食物

忌

- 吃糖過多
- 討厭刷牙
- 對乳牙護理不關心
- 不檢查牙齒

寶寶刷牙 媽媽這樣做

在寶寶沒長牙時也可以刷牙

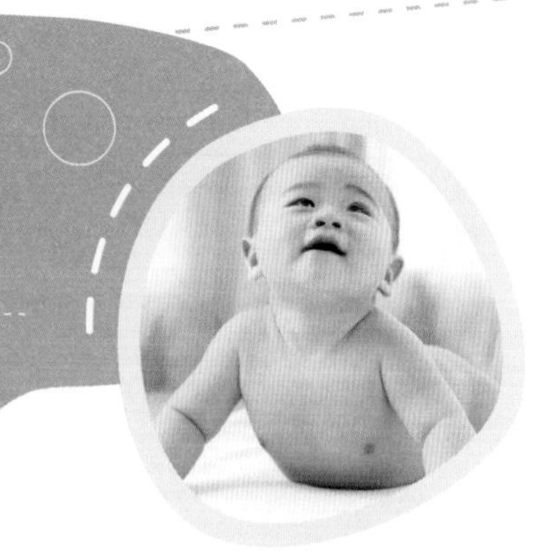

有的媽媽會有疑問，寶寶沒有長牙就可以幫他刷牙嗎？其實寶寶還沒開始長牙的時候就可以幫他刷牙了，這時候清潔的是寶寶的口腔，在寶寶的牙床上會殘留喝奶後留下的垢漬。

媽媽可以坐在椅子上，將寶寶放在腿上，讓寶寶的頭稍微往後仰，用溫開水沾濕乾淨的紗布，將食指深入口腔輕輕擦拭寶寶的舌頭、軟硬齶以及牙齦等部位。

當寶寶開始長出乳齒的時候，就可以用牙刷給寶寶刷牙。給寶寶刷牙時，要選擇軟毛牙刷，牙刷頭要比成人的小，刷面較平滑一些。

如何幫寶寶清潔牙齒

1 歲半以後尤其是處於換牙期的寶寶要每天刷牙，牙刷選用不當、刷牙力度不當或者刷牙方式不對、不堅持每天刷牙都可能引起蛀牙。

牙刷的選擇

刷頭圓鈍且小，長度不能超過 4 顆門牙的寬度；刷毛軟，前面的刷毛比較長；刷柄是防滑設計。牙刷要每 2 個月換 1 次。

牙膏的選擇

等寶寶上幼兒園中班或高班時就可以開始用牙膏，一次用綠豆大小的量，要確保寶寶每次刷完牙能漱乾淨口，確保寶寶把刷牙後的漱口水吐出來。

刷牙方式

一定要豎刷，而不能橫刷。將牙刷放在牙齦部位，上牙往下刷，下牙往上刷，並按照一定的順序刷牙，從後向前，從左到右，從外側到內側，每個牙面刷 8~10 次，刷完全口牙齒需要 2~3 分鐘，要照顧到每一顆牙齒，而且要早晚各刷 1 次牙。

看牙醫

每 6 個月讓寶寶接受一次口腔健康檢查。

寶寶刷牙的注意事項

寶寶刷牙不到位會導致很多問題的發生，比如口腔細菌增多、齲齒、牙齦炎等。

清潔口腔
寶寶沒長出牙時
就可以清潔口腔了。

刷牙力度適中
寶寶牙齦脆弱，
刷牙力度宜適中。

溫水刷牙
寶寶牙齒脆弱，
不宜受到刺激。

時常換牙刷
防止細菌感染。

刷牙時間別太短
一般刷牙時間應為
2~3分鐘。

別只早上刷
細菌易堆積在口腔，
晚上也應該刷牙。

別不用牙膏
使用兒童牙膏，
用量可以控制為
綠豆大小。

寶寶刷牙時媽媽該做甚麼

年齡太小的寶寶需要媽媽幫助刷牙，等長大些，當有能力自己動手時，媽媽再把刷牙的權利交給寶寶。媽媽不能在寶寶自己刷牙時放任不管，應及時更正寶寶刷牙的姿勢和方法，避免寶寶損害到牙齒或牙齦。

宜

- 上下刷牙
- 力度適中
- 刷一段時間吐口水
- 口腔最裏面的牙齒也要刷到

忌

- 不使用牙膏
- 只刷外面不刷裏面
- 咬牙刷
- 睡前喝奶後不刷牙

寶寶有齲齒 媽媽怎麼辦

兒童齲齒的發病率非常高

齲齒俗稱蟲牙、蛀牙，是細菌性疾病，可以繼發牙髓炎和根尖周炎。如不及時治療，病變繼續發展，形成齲洞，治療起來較為費時和費事。

蛀牙和換牙的區別

蛀牙是細菌性疾病，會造成以下傷害：牙體缺損；齲洞內食物殘渣滯留，細菌聚集，使口腔衞生惡化；乳牙因齲早失，造成恆齒間隙縮小，發生位置異常；乳牙齲壞破損的牙冠易損傷局部的口腔黏膜組織。蛀牙嚴重，造成咀嚼功能降低，影響寶寶的營養攝入，對生長發育就會造成影響；長大後可能會影響美觀和正確發音。蛀牙是危害寶寶生長發育的常見口腔疾病之一，需要早期發現並干預治療。

換牙是乳齒脫落、恆齒長出的過程。人的一生中都要長 2 次牙齒，即乳齒和恆齒。一般 6~7 歲開始換牙，先是門牙，然後是尖牙，最後是磨牙，直到 12~13 歲乳齒全部脫落，恆齒替換完畢。

乳齒要拔嗎

大多數寶寶從 5 歲開始進入換牙期，一般從門牙開始更換。由於牙齒從內側萌出，家長擔心寶寶的恆齒往裏長，所以早早就把乳齒拔掉，這是不正確的做法。乳齒可以誘導恆齒生長，過早把乳齒拔掉，萬一傷口好了，恆齒就有可能長不出來，造成牙齒萌出滯後。

拔乳齒最好不要過早或過晚，寶寶覺得乳齒開始自發地疼痛，並且影響了正常的飲食，就可以去醫院把乳齒拔掉。家長擔心的「雙排牙」其實很少發生，裏面的牙齒在一段時間後會自動往前挪，然後自動排齊。

兒童齲齒的危害性

乳牙齲壞破損的牙冠易損傷局部的口腔黏膜組織。乳牙齲壞嚴重，造成咀嚼功能降低，影響兒童的營養攝入，對生長發育造成影響。乳牙齲病發展為根尖周病，可作為病灶牙使機體的其他組織發生病灶感染。嚴重時齲齒會影響口腔美觀和妨礙正確發音。

寶寶長牙發燒　不睡覺怎麼辦

寶寶出齊 20 顆乳齒需要一年半到兩年的時間。長牙可能引起發燒、流口水、亂啃咬。隨着牙齒數量的增加需要調整寶寶的飲食結構，媽媽一定要好好應對寶寶的出牙期。

安慰寶寶
關注寶寶，積極鼓勵寶寶。

增加奶量
如果寶寶拒絕固體食物，可以增加奶量的攝入。

蔬菜榨汁
可以將固體的蔬菜榨汁給寶寶飲用。

主食偏軟
主食可以選擇半流質的爛麵條或粥。

別飲食不規律
均衡寶寶飲食，有利於增加寶寶抵抗力。

別不注意清潔
長牙後易造成奶及食物殘渣堆積在口腔內。

別吃太多甜食
需要控制甜食的攝入。

別只喝果汁
能吃水果儘量不喝果汁。

如何預防寶寶齲齒

在寶寶剛長牙齒時，大多數媽媽會認為新出的牙齒不需要太在意，往往不注意保護。而大多數問題就是從媽媽的疏忽開始產生，預防齲齒的工作並不是等到寶寶的牙齒都長全了才開始，應從牙齒一萌出就開始。

宜

- 早晚刷牙
- 養成飯後漱口的好習慣
- 多吃蔬菜
- 定期檢查口腔

忌

- 吃酸性、刺激性食物
- 睡前吃零食
- 吃含糖分高的食物
- 吃太多過於堅硬的食物

鋅
Cu
Ca
鐵
Mg
DHA
偏食
微量
元素
盜汗
維他命D
虛汗
抵抗
力差
生長
緩慢
發育
遲緩
異食癖

第10章
微量元素不可缺少

微量營養素對於維持機體健康有着十分重要的作用，缺乏某種元素可能會引起機體生理功能的結構異常，嚴重時會發生各種病變。媽媽在日常生活中要幫助寶寶均衡膳食、適當運動，寶寶才能健康成長。

關於微量元素 媽媽需要知道的

有的微量元素不需要特意補

提起微量元素，很多家長並不陌生，有的家長帶寶寶去醫院體檢，做微量元素檢查。甚麼是微量元素？寶寶體檢真的需要檢查微量元素嗎？鈣、鐵、鋅、鉛，哪個才是需要補充的微量元素？

微量元素檢查結果不一定可靠

礦物質包括常量元素和微量元素。微量元素，顧名思義，在人體中含量不多，佔體內重量不足 0.01%。在醫院檢查的所謂「微量元素」，通常包括鈣、鐵、鋅、銅、鎂、鉛、鎘等。

血液中微量元素含量存在很多不確定性，檢查結果並不一定能反映真實。是否缺鐵需要檢查血常規，而不能僅僅靠檢查血液中微量元素鐵的含量；是否缺鋅，尚沒有特異性指標，需要不同時間至少檢查 2 次血液中微量元素鋅的含量，同時結合飲食調查情況及臨床表現來判斷。

血液中不缺鈣也不能代表體內不缺鈣，因為人體血液中的鈣一般比較穩定，缺了會從骨骼裏溶解出來維持血液中電解質的穩定。是否缺鈣，一般需要通過檢測血液中維他命 D_3 的含量並結合臨床表現、體格檢查等來判斷。

檢查結果中鉛、鎘的含量高低或許能反映出機體是否存在異常，超出參考範圍意味着有中毒的風險。因此，不能僅靠簡單化驗就來診斷寶寶是否缺某種微量元素。

理性看待微量元素檢查

有指，不能將微量元素作為寶寶常規體檢。這也説明，微量元素不是必須要查的，參考價值也沒有那麼大。為了避免寶寶缺乏營養素，要做好飲食安排，必要時要結合多方面因素來綜合判斷。

寶寶如何補充營養

維他命 D、DHA、鋅、鐵等是寶寶成長發育過程中不可缺少的營養素，如果發現寶寶有發育遲緩、體檢不達標等問題就需要家長引起足夠的重視，及時給寶寶補充營養。

維他命D
常規補充含有維他命D的魚肝油或純維他命D製劑。

DHA
兒童可以通過吃魚類、蛋類食物來獲得DHA。

鋅
均衡奶類、蛋類、肉類與植物性食物的攝入。

鐵
早產兒和低出生體重兒常是缺鐵的高危人群。

別單吃一類食物
均衡飲食才能保證寶寶身體健康。

別不吃蔬菜
綠葉蔬菜、豆腐等是含鈣豐富的食物。

別不吃肉
長期素食者有缺鋅、缺鐵的風險。

別不出門
可以通過戶外曬太陽來吸取維他命D。

如何預防寶寶缺微量元素

通常在寶寶正常成長發育時，不需要特意補充大量的微量元素。寶寶需要的微量元素的量很少，在正常均衡飲食的情況下，若刻意補充某種元素，反而會影響寶寶體內對其他微量元素的吸收。

宜

- 均衡飲食
- 多運動
- 多到戶外活動
- 適當曬太陽

忌

- 只吃素食
- 偏愛肉食
- 缺乏鍛煉
- 過多飲用飲料

寶寶缺鋅 媽媽怎樣做

均衡膳食少生病

鋅在人體內含量不多，但屬人體必須的微量元素。它的作用不可小看，它對成長發育、智力發育、免疫功能、物質代謝和生殖功能等均發揮重要的作用。説起寶寶缺鋅這一話題，很多家長不禁會問：寶寶不肯吃飯，是缺鋅嗎？去醫院檢查微量元素可行嗎？如何給寶寶補鋅呢？

鋅的重要生理功能

鋅是酶的組成成分或酶的激活劑。鋅在人體內參與 200 多種酶的組成，參與人體組織細胞呼吸、能量代謝，具有抗氧化的作用。鋅還是合成 RNA 多聚酶、DNA 多聚酶等活性物質所必須的微量元素。

促進生長發育

鋅參與蛋白質合成及細胞生長、分裂和分化等過程。鋅缺乏會影響 RNA、DNA 及蛋白質的合成，影響成長發育。

促進免疫功能

鋅可增加淋巴細胞中 T 細胞的數量和活力。缺乏鋅會影響免疫力。

增進食慾

鋅與唾液蛋白結合成味覺素，可增加食慾。缺乏鋅可影響味覺和食慾，甚至發生異食癖，如有的寶寶吃泥土、沙子等，可能與缺鋅有關。

保護皮膚和視力

缺鋅會引起皮膚粗糙和上皮組織角質化。

寶寶需鋅量隨年齡增長

鋅在人體中發揮着重要作用，但人體需要的量並沒有想像般那麼多。一般情況下可以通過飲食攝入來滿足機體對鋅的需求。人體每天對鋅的需求量並不是很多，對於 6 個月以內的嬰兒，每天推薦攝入 2 毫克的鋅，6~12 月為 3.5 毫克，1~3 歲為 4 毫克，4~6 歲為 5.5 毫克。寶寶隨着年齡的增加所需要的鋅也逐漸增加。

缺鋅的臨床表現

隨着生活水平的提高，臨床上寶寶重度鋅缺乏現象很少見了。鋅缺乏可表現為生長落後、嚴重皮疹、腹瀉、血清鋅水平極其低下。

成長緩慢
與正常健康成長的寶寶相比發育相對緩慢。

反復感染
容易發生感染，並且反復發作。

食慾下降
沒有甚麼食慾。

異食癖
吃常人不吃的東西。

抵抗力差
易生病。

偏食
偏愛吃某種食物。

出汗
易盜汗、虛汗。

智力發育遲緩
記憶差、反應遲鈍。

如何應對寶寶缺鋅

鋅缺乏在全球各地的寶寶中均有發生，大約有 25% 的人群存在鋅缺乏的高危因素。鋅缺乏的高危人群為 6~24 個月的寶寶，多是由於輔食或飲食安排不當引起的。如果寶寶長期腹瀉，則容易造成鋅吸收不良，也會出現缺鋅的狀況。

宜

- 多吃奶類、蛋類食物
- 多吃瘦肉
- 適當吃堅果

忌

- 長期素食
- 盲目相信血清鋅檢測
- 補鋅過多

寶寶缺鐵 媽媽怎樣做

鐵是人體必須的微量元素之一

鐵是人體重要的必須微量元素之一，人體中含鐵總量為 3~5 克。70% 的鐵存在於血紅蛋白、肌紅蛋白、血紅素酶類等物質中；30% 為體內儲存鐵，主要以鐵蛋白和含鐵血黃素形式存在。

鐵的功能

鐵參與造血；參與體內氧的運送、組織呼吸、正常免疫等過程。鐵缺乏會造成缺鐵性貧血，過量則會造成氧化損傷。

缺鐵乃最常見的營養素缺乏症

據聯合國兒童基金會統計，全球大約有 37 億人缺鐵，其中大多數是婦女，發展中國家 40%~50% 的 5 歲以下兒童和 50% 以上的孕婦患缺鐵病。

據調查顯示，中國嬰兒缺鐵性貧血的患病率約為 20%，而鐵缺乏超過 50%。幼兒缺鐵性貧血的患病率約為 10%，而鐵缺乏超過 40%。《中國 0~6 歲兒童營養發展報告（2012）》指出，2010 年，6~12 月齡農村兒童貧血（主要是缺鐵性貧血）患病率高達 28.2%，13~24 月齡兒童貧血患病率為 20.5%。由此可見，如何有合理地給寶寶補鐵，尤為重要。

早產兒和低出生體重兒要補充鐵

應儘量純母乳餵養嬰兒 6 個月，此後繼續母乳餵養，同時及時添加富含鐵的輔食，如米粉、肉類等。

幼兒應注意食物均衡，糾正怕食和偏食等不良習慣，鼓勵進食富含維他命 C 的蔬菜和水果，促進非血紅素鐵的吸收。儘量採用強化鐵的配方奶餵養。鐵的良好來源包括肉類、肝類、魚類等。

缺鐵的臨床表現

鐵是人體必須微量元素中含量最多的一種，是紅血球生成和組織發育所必須的元素。缺乏鐵會有以下不適。

反應遲鈍
認知與行為異常。

消極
面色蒼白，頭髮枯黃。

注意力不集中
對周圍環境不感興趣。

免疫力低下
易患疾病。

呼吸出現問題
心率加快。

消化出現問題
有嘔吐、腹脹等表現。

焦躁
不能安靜。

易驚醒
睡眠較淺。

如何應對寶寶缺鐵

寶寶缺鐵會很容易引起貧血，並影響寶寶的成長發育。一般新生兒出生時體內有充足的鐵含量，隨着年齡的增長，寶寶鐵的需求量會慢慢加大，而母乳的鐵含量會逐漸降低，要警惕缺鐵性貧血。

宜

- 食用強化鐵配方奶粉
- 多吃富含維他命C的蔬菜和水果
- 多吃肉類、肝類、魚類等食物
- 按照醫囑口服鐵劑

忌

- 偏食
- 燉湯不吃肉
- 食材烹調時間過長
- 攝入糖過多

寶寶缺鈣 媽媽怎樣做

母乳攝入充足沒必要亂補鈣

鈣是人體中含量最多的無機元素，相當於體重的 2%，其中 99% 集中在骨骼和牙齒中。

鈣的功能

鈣是構成骨骼和牙齒的成分。能維持神經和肌肉的活動；促進體內酶的活動；參與凝血、激素分泌，保持體液酸堿平衡以及調節細胞正常生理功能。

嬰幼兒需要多少鈣

根據《中國居民膳食營養素參考攝入量（2013 版）》最新推薦攝入量顯示，鈣的適宜攝入量 0~6 月齡每天為 200 毫克，7~12 月齡為 250 毫克，1~3 歲為 600 毫克。

適宜攝入量是指通過觀察或實驗獲得的健康人群某種營養素的攝入量。

對於 6 個月以內的寶寶，每天要攝入約 200 毫克的鈣，相當於母乳 600 毫升或配方奶 400 毫升。即使純母乳餵養的寶寶，通常也很容易滿足其對鈣的需要量。

7~12 月齡的寶寶，每天需要鈣約 250 毫克，這就更容易達到了，每天只需要母乳約 700 毫升或配方奶約 500 毫升。

建議 7~12 月齡的寶寶保證每天攝入奶量達到 600~800 毫升，這樣不僅攝入了足夠的鈣，同時還攝入了足夠的其他營養素。只要奶量充足，就能滿足所需鈣的量，不用再額外補鈣。

1 歲以後幼兒的飲食開始逐步向成人過渡，1~3 歲幼兒，每天需要鈣 600 毫克。要想接近或達到 600 毫克的鈣，則需要合理安排飲食。母乳量最好能在 600 毫升以上，無法估計母乳量也沒有關係，還可以估算餵寶寶幾次奶。而配方奶的量則最好在 400~500 毫升，這樣就可以每天從中攝入 200~250 毫克鈣。如果選擇純牛奶，每天也應該給寶寶飲用 350 毫升以上。其他鈣的來源，可以從食物中攝取，含鈣豐富的食物有豆腐、綠葉蔬菜、芝麻醬等。

缺鈣的臨床表現

身體缺鈣會給寶寶帶來很大危害。那麼寶寶缺鈣有哪些身體表現呢？

盜汗
睡覺時身體會出大量汗。

出牙晚
牙齒發育不良，參差不齊。

肌肉鬆弛
會出現駝背、胸骨疼痛。

睡覺不踏實
常夜間驚醒，哭鬧不止。

濕疹
身體會出現紅斑、丘疹。

食慾不振
不好好吃飯。

學步晚
1歲左右才開始嘗試走路。

性情異常
脾氣怪、坐立不安。

如何應對寶寶缺鈣

鈣是寶寶發育所必須的，是確保骨骼強壯的重要物質。如果寶寶每日攝入鈣的含量沒有達到需要量，則需要根據寶寶的成長與發育情況來判斷是否要給寶寶補鈣。

宜

- 多喝奶製品
- 多吃海鮮類、豆類食物
- 合理選擇鈣補充劑
- 母乳充足

忌

- 鈣與牛奶一起服用
- 大量服用鈣劑
- 鈣片與主食一起吃
- 缺乏日曬

附錄：意外防護與急救

霧霾

減少外出，若外出儘量佩戴防霾口罩。如果沒有外出，儘量不要給寶寶戴口罩，否則有可能造成寶寶呼吸不暢，嚴重的會導致窒息。

霧霾天預防肺炎、哮喘等疾病

霧霾空氣中的主要污染物為 PM2.5（直徑 ≤2.5 微米的顆粒物）和大量的病菌、細菌。PM2.5 很容易進入呼吸道、支氣管，干擾肺部的氣體交換，容易引發哮喘、支氣管炎和心血管病等疾病，病菌容易讓病情反復。

噎食

噎食是指在進食時食物突然堵塞食管或氣管而出現的相應症狀，包括突然出現的吞咽困難、劇烈咳嗽或呼吸困難。寶寶的喉嚨、食道都比較窄小，在進食時經常會發生噎食的情況，嚴重的可能對生命造成威脅而意外死亡。

寶寶噎食的特徵

一般情況寶寶噎食的表現有：進食時突然不能説話，並出現窒息的痛苦表情；寶寶通常用手按住頸部或胸前，用手摳口腔。

1 歲以下嬰兒噎食如何急救

抱起寶寶，一隻手捏住寶寶顴骨兩側，手臂貼着寶寶的前胸，另一隻手托住寶寶後頸，讓其臉朝下。在寶寶背上拍 1~5 次，並觀察寶寶是否將異物吐出。

1 歲以上寶寶噎食如何急救

5 次拍背法：將寶寶的身體扶於救護員的前臂上，頭部朝下，救護員用手支撐寶寶頭部及頸部；用另一手掌掌根在寶寶背部兩肩胛骨之間拍擊 5 次左右。

墜床

隨着寶寶逐漸長大，睡覺也越來越不定，會來回滾動，這樣很容易出現墜床的危險。

出現以下情況應立即去醫院

頭部有出血性外傷。寶寶摔後沒有哭，出現意識不夠清醒、半昏迷嗜睡的情況。在摔後兩天內，又出現了反復性嘔吐、睡眠多、精神差或劇烈哭鬧。摔後大哭，但肢體活動受限，關節腫脹，一碰就哭，或者頭不能搖擺，不靈活。

跌倒

跌倒也是寶寶經常會遇到的事，可能有些家長不以為然，覺得寶寶走路不穩，跌倒是正常的，爬起來再跑，慢慢長大就好了。其實全世界範圍內都存在跌倒致死亡的案例，家長要引起足夠重視。

寶寶跌倒了 媽媽怎麼辦

當寶寶摔在地上時，不要急着迅速抱起，避免加重傷情。如果寶寶摔倒後立刻大聲哭，哭聲有力，喚名説話有反應，可能問題不大。臨床上也見過寶寶當時跌倒沒有明顯異常，幾天後出現哭鬧、嘔吐等，到醫院檢查發現有顱內出血。如果摔倒後有短暫意識喪失、臉發白、哭聲無力、身體發軟、喚名説話反應不明顯就需要立刻去醫院，時間不能耽誤。

此外，寶寶摔倒後，家長首先要檢查寶寶有沒有外傷，包括皮膚、四肢、骨骼、關節和頭顱。如果皮下有血腫，可以用毛巾冷敷，促進血管收縮，以減少出血。如果皮膚有傷口，用乾淨紗布覆蓋上，一定要先止血，保持傷口不要繼續被污染，馬上去醫院。如果關節活動受限或骨骼出現問題，一定要保持跌倒的姿勢去醫院就診，千萬不要自行處理。

燙傷

意外燙傷是兒童家庭意外傷害的首要原因，也是所有意外傷害中受傷率最高的。由於寶寶發育不成熟，皮膚嬌嫩且薄，調節機能遠不如成年人，一旦被燙傷，其創傷面一般較深，燒傷程度會很重，發生休克的機率比成人高得多。

寶寶燙傷了應該馬上送醫院嗎

不一定。如果是面積不大的肢體燙傷可在家先行處理，將受傷的部位放在冷水中沖洗，或者用紗布或冰塊濕敷，這樣不但可以降溫，還可起到止痛和減輕損傷的效果。但要注意避免皮膚破損，以免感染。也可用冷毛巾蓋於創傷面，但切忌摩擦創傷處。

如果是 1 級燙傷，即出現皮膚潮紅，疼痛，在家處理就行了；2 級燙傷損害到了真皮，燙傷大約 30 分鐘後會起水泡，3 級以上的燙傷應立即送醫院處理。

誤食

嘴是寶寶最喜歡用的探索工具，一旦抓到甚麼東西，不管能不能吃，有沒有毒，總喜歡往小嘴裏塞。一不留神，誤食、誤吸的意外就發生了。因此，媽媽除了要更加小心呵護寶寶外，還需要掌握一些家庭急救措施。

誤吞固體異物

寶寶常常喜歡把隨手拿到的硬幣、紐扣、戒指、筆帽、核桃等異物放進嘴裏玩弄，可能會不小心吞入胃腸道或滯留在食管，即出現胃腸道異物或食管異物。

若異物體積較小，一般不出現特別症狀，不需治療，1~2天內異物會隨大便排出；若異物體積較大，或誤食的是尖鋭的異物，如大頭針、雞骨、魚骨等，必須馬上到醫院處理。

不要讓寶寶玩體積過小、容易入嘴巴的小件物品；不要讓寶寶吃帶骨頭或硬殼的食物；家中的小物品，如硬幣、玻璃球、紐扣、小玩具等，要妥善保管；一些小而堅硬的食品，如花生、核桃等乾果類食品，也不要隨意放置。

外傷

由於寶寶缺乏生活經驗，缺少對危險因素的辨別能力，所以小兒外傷極為常見。寶寶一旦發生外傷後亦不能明確表達部位和程度，所以在寶寶發生外傷時，老師或父母不能只看到寶寶表面的皮膚損傷，也要注意是否有骨折、腦外傷或內臟破裂出血等，應及時去醫院診斷和治療。

觸電

寶寶觸電是比較常見的寶寶意外傷害。由於寶寶活潑好動，對這個世界充滿了好奇，發生觸電事故的機率更高。寶寶觸電，多因寶寶玩弄電器、插座、開關、電線，無意接觸不安全的電器設備或雷雨時被雷電所擊。媽媽要注意讓寶寶遠離這些危險因素。

溺水

普及寶寶安全游泳知識，進行游泳安全教育，培養孩子自我保護意識，教會寶寶如何自救和互救。寶寶游泳時，家長務必陪同，做好監護工作，不要讓寶寶自行游泳。

寶寶生病 媽媽這樣做

作者
崔霞

責任編輯
嚴瓊音

美術設計
翠賢

排版
辛紅梅

出版者
萬里機構出版有限公司
香港鰂魚涌英皇道1065號東達中心1305室
電話：2564 7511
傳真：2565 5539
電郵：info@wanlibk.com
網址：http://www.wanlibk.com
http://www.facebook.com/wanlibk

發行者
香港聯合書刊物流有限公司
香港新界大埔汀麗路36號
中華商務印刷大廈3字樓
電話：（852）2150 2100
傳真：（852）2407 3062
電郵：info@suplogistics.com.hk

承印者
中華商務彩色印刷有限公司
香港新界大埔汀麗路36號

出版日期
二零一九年十月第一次印刷

ISBN 978-962-14-7104-8